Zeitmanagement
Die Kunst der perfekten Organisation

Wie Sie mit Hilfe von effizientem Selbstmanagement Ihre Produktivität und Motivation ganz einfach steigern und Ihre Ziele erreichen

INHALT

Einleitung

„Ich habe leider keine Zeit."

Diesen Satz hören Sie in der heutigen Zeit sehr oft – und haben ihn bestimmt auch schon einmal selbst gesagt, zu Arbeitskollegen, Freunden, Familie oder zum Partner. Es ist schließlich nicht einfach, Beruf, Familie und Freizeit miteinander zu vereinen! Egal, ob Wäsche waschen, sich um die Kinder kümmern, mit Freunden etwas trinken gehen oder für diesen einen wichtigen Test lernen – überall scheint die Zeit zu fehlen, Sie kennen das.

Aber es gibt eine einfache Lösung für dieses Problem. Mit zahlreichen Tipps und Tricks verraten wir Ihnen, wie Sie Ihr Zeitmanagement verbessern und Ihre Ziele erreichen. Hier erfahren Sie, wie man sich eigene Ziele setzt und diese erreicht, wie man auch unter Zeitdruck effizient und ohne Stress arbeitet und wie man Zeitfresser erkennt und überwindet. Wir zeigen Ihnen die besten Methoden für ein gutes Zeitmanagement in Schule, Universität und Beruf, mit Lernstrategien und Kommunikationstechniken.

Hier lernen Sie, Ihre Zeit sinnvoll zwischen Haushalt, Beruf und Familie zu delegieren und auch einmal ein bisschen Zeit für sich selbst übrig zu haben. Wir beschäftigen uns mit verschiedenen Lebensrollen und Ihren Zielen für diese: Mit nur ein wenig Planung und Zeiteinteilung sind Ihre Träume zum Greifen nah!

Mit zahlreichen Strategien und Methoden für ein gutes Zeitmanagement und mit Hilfsmitteln wie Checklisten und Übungen zeigen wir Ihnen, wie Sie Ihrer Zeit wieder Herr werden.

Und wenn Sie in Zukunft jemand fragt, ob Sie Zeit haben, können Sie getrost mit „Ja!" antworten!

Auf dem Weg zu gutem Zeitmanagement: Ziele ermitteln und Zeitfresser identifizieren

TESTEN SIE IHR ZEITMANAGEMENT

Der erste Schritt zu einem guten Zeitmanagement ist Reflexion: Wie schätzen Sie Ihre Zeiteinteilung zurzeit ein? Wofür verwenden Sie zu viel Zeit, wo scheint Ihnen immer Zeit zu fehlen? Leiden Sie im Beruf unter Zeitmangel für Ihre Aufgaben oder fühlen Sie sich eher, als würden Sie nie Zeit für sich selbst haben?

Wenn Sie diese Fragen zuerst klären, ist die Entwicklung eines guten Zeitmanagements direkt viel einfacher! Ihnen wird bewusst, wo Ihre Stärken liegen und welche Schwächen Sie vielleicht noch überwinden können. Genau dazu sind Sie hier; und ein guter Zeitplan beginnt immer bei Ihnen selbst.

In diesem Abschnitt werden Ihnen neun kurze Fragen gestellt, mit denen Sie Ihr Zeitverhalten einschätzen können. So erkennen Sie sofort, welche Tipps und Abschnitte Ihnen besonders helfen werden, ein besseres Zeitmanagement zu entwickeln.

Lesen Sie sich die Aussagen durch und schätzen Sie Ihr Zeitverhalten auf der Skala von 1 bis 10 ein (1 ist das Schlechteste, 10 das Beste).

1. Ich setzte eindeutige Prioritäten und Ziele und weiß, welche Dinge im Leben mir wichtig sind.

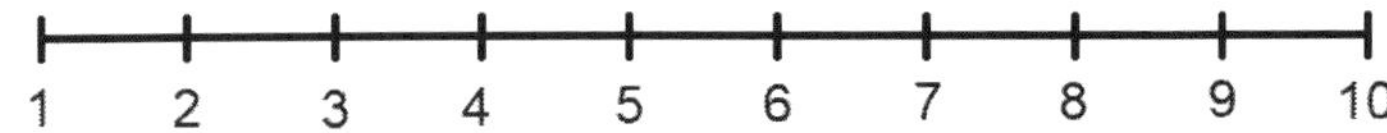

2. Wenn ich mir Ziele für meinen Tag vornehme, bewältige ich diese auch alle.

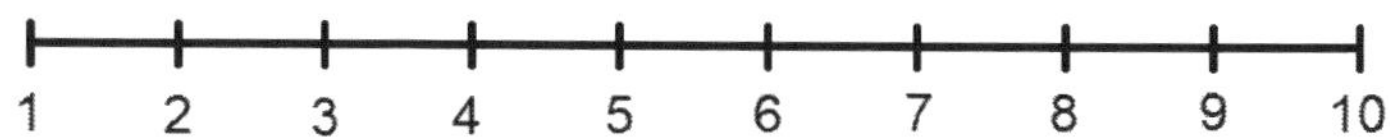

3. Wenn ich mir Jahresziele aufstelle, bewältige ich diese auch alle.

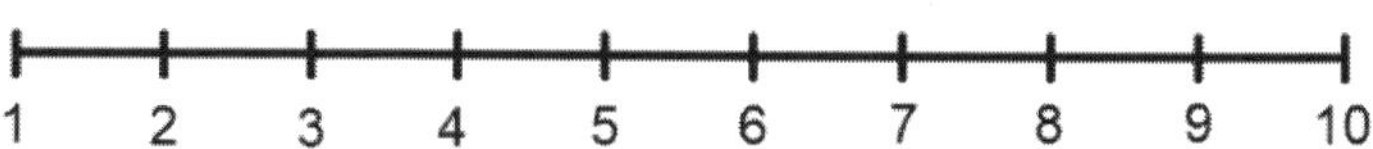

4. Ich habe einen Zeitplan, mit dem ich sorgfältig und gut arbeiten kann.

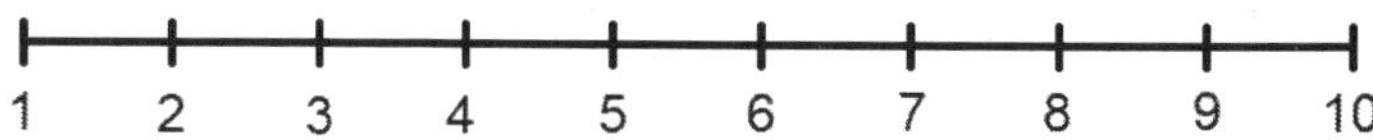

5. Ich fühle mich ausgeglichen und kann gut mit Stress umgehen.

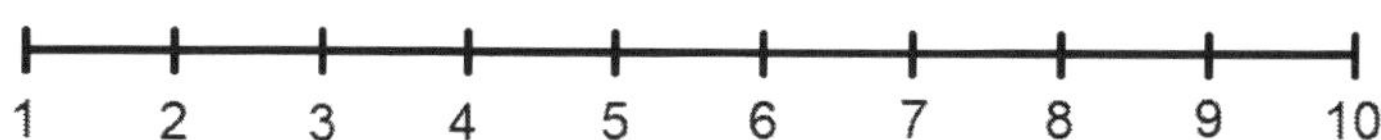

6. Ich lasse mich nicht leicht von meinen Zielen ablenken.

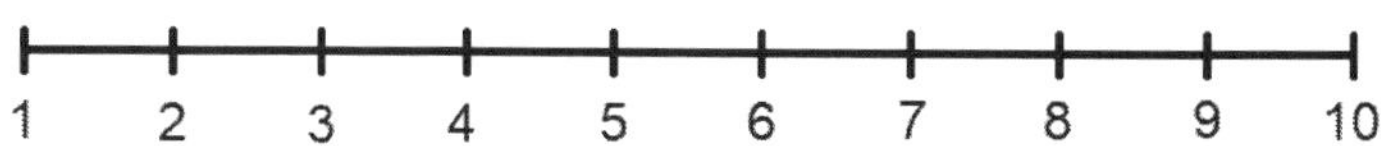

7. Meine Ziele in Schule, Universität und Beruf zu erreichen, fällt mir leicht und lässt mir genug Zeit für Freizeitaktivitäten.

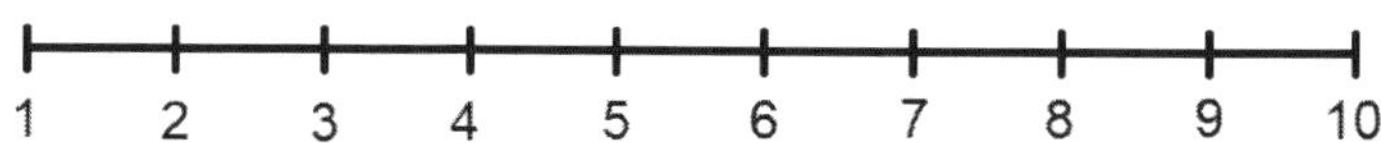

8. Ich kann meine verschiedenen Lebensrollen gut unter einen Hut bringen. Die Einteilung meiner Zeit zwischen Beruf, Freizeit, Haushalt (und Kindern) fällt mir leicht.

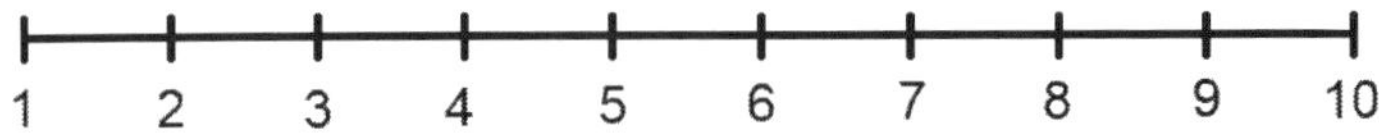

9. Ich habe einen Plan zur Verbesserung meines Zeitmanagements und eine positive Einstellung. Ich werde Erfolg haben!

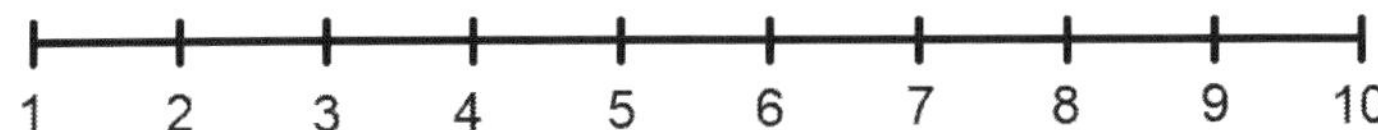

Um Ihr Zeitmanagement schnell und effizient zu verbessern, sollten Sie zuerst an den Bereichen arbeiten, in denen Sie sich am schlechtesten eingeschätzt haben.

1-4: Bei Defiziten in den ersten vier Bereichen hilft Ihnen Kapitel 2.2 weiter. Sie lernen, wie Sie eigene Ziele erkennen und ausformulieren. Wir erklären Ihnen, wie Sie den Teufelskreis der Ziellosigkeit überwinden. In Kapitel 3 beschäftigen wir uns mit verschiedenen Planungssystemen. Hilft Ihnen ein Tagesplan weiter oder wollen Sie sich sofort größere Ziele setzen? Arbeiten Sie lieber mit To-do-Listen oder mit Kalendern? Planen Sie online oder doch lieber auf Papier? Wir helfen Ihnen bei der Erstellung Ihrer Zeitpläne: Worauf Sie achten müssen und welche Möglichkeiten des Zeitmanagements Sie auf keinen Fall außer Acht lassen sollten.

5: Falls Sie Ihr Stresslevel und Ihre Bewältigungsmethoden verbessern wollen, erklären wir Ihnen in Kapitel 2.5, wie Sie Druck und Stress vermindern und Zeit für sich gewinnen können. Lernen Sie, erfolgreich „Nein!" zu sagen und sich Ihre Zeit selbst einzuteilen.

6: Bei Schwierigkeiten in Bereich sechs hilft Ihnen Kapitel 2.5, Zeitfresser zu identifizieren und zu überwinden. Wofür brauchen Sie am meisten Zeit? Um welche Aufgabe kommen Sie nicht herum? Und was können Sie tun, wenn Sie einmal gar keine Lust haben? Hier helfen wir Ihnen, die „Aufschieberitis" zu überwinden und Zeitfresser zu eliminieren.

7: Kapitel 4 und 5 unterstützen beim Zeitmanagement in Beruf und Schule. Hier finden Sie Methoden für erfolgreiche und zeitlich gut geplante Telefongespräche, Tricks für einen organisierten Arbeitsplatz und Tipps, um in wichtigen Gesprächen und Meetings Zeit sparen.

8: Kapitel 2.3 beschäftigt sich mit verschiedenen Lebensrollen und deren persönlicher Bedeutung für Sie. In Kapitel 6 finden Sie hilfreiche Tipps und Tricks zum Zeitmanagement im Haushalt und in der Familie. Wir zeigen Ihnen, wie Sie Ihre Aufgaben im Haushalt mit Ihrer Freizeitgestaltung verbinden und wie auch die Zeiteinteilung zwischen Beruf und Familie gelingen kann.

9: Abschließend haben wir für Sie eine Reihe von nützlichen Methoden und Techniken für ein gutes Zeitmanagement gesammelt. Hier ist für jeden etwas dabei – egal, ob gründliche Planung oder schnelle Tricks zur Zeiteinteilung.

Wenn Sie sich immer noch nicht sicher sind, wo Sie überhaupt anfangen sollen: keine Panik! Sie müssen nicht plötzlich ein Profi der Zeiteinteilung sein. Rom wurde schließlich auch nicht an einem Tag erbaut!

Beobachten Sie für eine Woche Ihr eigenes Verhalten und fragen Sie auch Kollegen, Freunde oder Familienmitglieder nach ihrer Meinung. Wie nehmen Sie Ihr eigenes Zeitgefühl wahr? Fühlen Sie sich ziellos oder haben Sie viel zu viele Pläne? Kriegen Sie nichts geschafft oder scheint es eher, als hätten Sie keine Minute mehr für sich?

Man sagt, Einsicht ist der erste Schritt zur Besserung, und das ist auch hier der Fall. Wenn Sie Ihre Probleme mit der Zeiteinteilung erkennen, sind Sie direkt einen ganzen Schritt näher am Ziel.

PRIORITÄTEN FINDEN UND ZIELE SETZEN

Ziele setzen – warum überhaupt?

Warum sind Ziele so wichtig? Wieso macht man sich nicht einfach auf den Weg, ohne zu wissen, wo man hinwill? Diese Fragen stellt man sich oft. Wir möchten dieses Kapitel deshalb mit einer kleinen Anekdote beginnen, die Geschichte der Schnecke und des Mistkäfers.

Es war einmal eine Schnecke, die gemütlich durch die Gegend kroch, bis sie irgendwann an einem Kirschbaum ankam. Sie entschied sich, diesen hinaufzuklettern und fing an, sich Millimeter für Millimeter vorzuarbeiten.

Da hörte sie von oben eine Stimme: „Hey, du lahme Schnecke! Ist das nicht viel zu viel für dich? Wer so hoch hinaus will, der fällt auch tief hinunter! Du schaffst es doch nie bis ganz nach oben!"

Hoch oben im Baum saß ein Mistkäfer und versuchte, die Schnecke von ihrer Reise in die Baumwipfel abzuhalten. Die Schnecke hingegen wollte hoch hinauf und antwortete: „Was interessiert dich das denn? Ich schaffe es bis ganz nach oben! Ich werde mein Ziel erreichen, auch wenn es schwierig wird."

„Das kannst du doch gar nicht schaffen!", rief der Mistkäfer erneut. „Erspare dir die Mühe und gib auf!" Doch die Schnecke kroch unbeirrt weiter den Baum hinauf. Der Mistkäfer versuchte es noch einmal: „Wozu denn die Anstrengung, Schnecke? Der Baum trägt doch gerade nicht einmal Kirschen!"

Stolz grinste der Mistkäfer und lachte die Schnecke aus. Darauf konnte sie jetzt kaum noch etwas erwidern! Doch die Schnecke antwortete getrost: „Stimmt, gerade sind keine Kirschen am Baum, aber wenn ich oben ankomme, dann schon!"

Die Anekdote wird häufig von den Worten des berühmten deutschen Dichters Gotthold Ephraim Lessing begleitet: „Der Langsamste, der sein Ziel nicht aus den Augen verliert, geht noch immer geschwinder als jener, der ohne Ziel umherirrt."

Wir sehen also: Auch wenn ein Ziel noch so weit entfernt ist, es motiviert uns und treibt uns an. Mit klaren Zielen vor Augen, egal, wie weit diese entfernt sind, ist es immer möglich, die ersten Schritte in die richtige Richtung zu tun.

Was tun bei Ziellosigkeit?

Wenn wir uns keine Ziele setzen, bleibt natürlich auch das Erfolgserlebnis aus. Wir wissen gar nicht, was wir erreichen wollen und welche Schritte wir dafür einleiten sollen. Zu schnell steckt man hier in einem Teufelskreis der Ziellosigkeit fest. Dauernde Ziellosigkeit führt zu Enttäuschung: Wieso hat man nur kein Erfolgsgefühl? Hier kann eine Negativspirale entstehen, die immer weiter hinabführt. Aber wie kommen Sie da wieder heraus?

Sich Ziele zu setzen ist nicht immer einfach. Aber Sie müssen auch nicht gleich ganz oben anfangen. Sie wandern zum Beispiel gern? Super, aber dann wird Ihr erstes Ziel nicht die Besteigung des Mount Everest sein. Fangen Sie langsam an, mit einfachen und kleineren Zielen. Selbst der kleinste Erfolg treibt Sie schließlich in Richtung Ihres großen Zieles voran!

„Aber das Leben ist doch nicht eindimensional!“, sagen Sie mir jetzt. „Man hat doch nicht nur ein großes Ziel im Leben!“ Da haben Sie recht. Unser Leben besteht aus vielen verschiedenen Facetten und in jeder setzen wir uns unterschiedliche Ziele. Daher ist es wichtig, sich der eigenen Vorstellungen und Wünsche für die Zukunft bewusst zu werden und sich zu fragen, wie man diese umsetzen kann. Aus Wünschen müssen Ziele gemacht werden.

Ziele aufstellen – Pläne schmieden

Hierzu sollten Sie sich fragen:

- Was sind meine beruflichen Ziele? Möchte ich mich verbessern? Arbeite ich auf eine Beförderung hin? Möchte ich vielleicht sogar neu anfangen und den Beruf wechseln?
- Wie möchte ich mich geistig entwickeln? Welche neuen Fähigkeiten möchte ich erlernen? Worauf muss ich achten, damit es mir geistig und emotional gut geht?

- Was sind meine finanziellen Ziele? Wie hängen diese mit meinen beruflichen Zielen zusammen?
- Was sind meine Ziele für die Freizeit? Wie will ich in der Gesellschaft handeln und wahrgenommen werden?
- Welche Art von Beziehungen und Bekanntschaften will ich aufbauen und weiterentwickeln?

Wenn Sie sich Ihrer Ziele und Wünsche bewusst sind, sind Sie ihnen näher als je zuvor. Denn nun können Sie anfangen, Prioritäten zu setzen: Wollen Sie dieses Jahr viel Zeit in Ihren Beruf investieren oder lieber ein neues Hobby erlernen? Möchten Sie heute lieber Zeit mit Freunden oder allein verbringen? All dies gehört zu einer erfolgreichen Zielsetzung und einem guten Zeitmanagement dazu.

Studien weisen nach, dass es hierbei am besten ist, seine Pläne und Ziele schriftlich festzuhalten. Ein einfacher Tagesplan führt dazu, dass Sie Ihre Pläne auf keinen Fall vergessen und Ihre Gedanken schnell und einfach ordnen können. Ein Jahresplan bietet hingegen noch zusätzliche Motivation: „Da steht es geschrieben, schwarz auf weiß. Das sind die Ziele, die ich erreichen will, und ich werde sie auch erreichen!“

Eine gute Planung ist der halbe Weg zum Ziel. In Kapitel 2 erklären wir Ihnen deshalb, wie Sie einen Tages-, Wochen- oder Jahresplan erstellen und worauf Sie achten müssen, um eine Verbesserung Ihres Zeitmanagements zu erreichen.

Ziele formulieren

Die wichtigste Regel bei der Ausformulierung von Wünschen und Zielen ist eine optimistische Einstellung: Bleiben Sie positiv!

„Mal sehen, ob mir das gelingt.“ vs. „Ich schaffe das!“

Der Unterschied zwischen den obigen Sätzen ist sofort sichtbar. Eine positive Formulierung sorgt für zusätzliche Motivation und lässt uns zuversichtlich auf unser Ziel hinarbeiten.

Fangen Sie mit kleinen Zielen an und arbeiten Sie sich langsam hoch, Schritt für Schritt. Bleiben Sie dabei realistisch. Jeder hat seine Grenzen und manche Wünsche bleiben leider unerreichbar. Fokussieren Sie sich daher auf die Ziele, die zwar schwierig, aber nicht unmöglich zu erreichen sind.

Hier kommt es auch häufig auf eine realistische Zeiteinschätzung an: Wenn Sie zum Beispiel einen Marathon laufen wollen, werden Sie das nötige Training nicht in zwei Wochen absolviert haben, aber in einigen Monaten können Sie sicherlich bereit sein. Nehmen Sie sich genug Zeit, um Ihre Ziele zu erreichen, ohne sich selbst zu hetzen. Oft hilft es, Ihre Ziele terminbezogen zu formulieren: „Bis Anfang März möchte ich es schaffen, fünf Kilometer in unter 30 Minuten zu joggen."

Formulieren Sie Ihre Ziele so spezifisch wie möglich. „Ich möchte gern einen Marathon laufen.", ist als Ziel zum Beispiel zu generell. Wie wollen Sie das erreichen? Teilen Sie sich Ihr Ziel genauer ein: „Ich werde ab jetzt jeden Tag eine Stunde joggen gehen und außerdem dreimal die Woche im Fitnessstudio trainieren. Auf folgende Weise möchte ich dabei meine Ernährung umstellen: ..." Falls Ihr großes Ziel aus mehreren kleinen Punkten besteht, können Sie sich nach und nach vorarbeiten.

Zuletzt: Nehmen Sie sich nicht zu viel auf einmal vor. Natürlich wäre es genial, wenn man gleichzeitig einen Doktortitel schreiben, Chinesisch lernen, Spitzensportler werden und im Beruf voll durchstarten könnte, aber überfordern Sie sich nicht. Welche Ziele sind Ihnen besonders wichtig? Was wollen Sie unbedingt dieses Jahr erreichen, was eher in den nächsten fünf Jahren? Was ist eigentlich nicht so wichtig, wenn Sie darüber nachdenken?

Kriterien für eine gute Zielformulierung sind also:

- Sind Ihre Ziele positiv formuliert?
- Sind Ihre Ziele spezifisch und konkret formuliert?
- Sind Ihre Ziele realistisch? Nehmen Sie sich genug Zeit, um Ihre Ziele zu erreichen?
- Sind Ihre Ziele überschaubar?

Richten Sie Ihren Fokus bei der Formulierung von Zielen auf diese vier Punkte, dann werden Sie bald einen schusssicheren Plan für die Zukunft haben.

Ziele und Zeit

Sie sehen also, wie eine gute Zielformulierung Ihr Zeitmanagement um Einiges verbessern kann. Sie wissen, was Sie an diesem Tag, in dieser Woche oder in diesem Monat erreichen wollen und können sich auf die wichtigen Dinge im Leben fokussieren. Mit einem Ziel vor Augen sind Sie auf dem Weg in die richtige Richtung.

AUSBALANCIEREN DER LEBENSROLLEN – LEBEN IM GLEICHGEWICHT

Das Leben ist ein täglicher Balanceakt,
bei dem wir selbst darauf achten müssen,
nicht aus dem seelischen Gleichgewicht zu geraten.
Marliese Zeidler

Einer der wichtigsten Faktoren für ein gesundes und glückliches Leben ist die Balance der verschiedenen Lebensrollen. Natürlich wäre unser Leben viel simpler, wenn wir in jeder Rolle dieselben Ansprüche erfüllen müssten und für jede Rolle dieselben Handlungsmöglichkeiten hätten – aber so einfach wird es uns leider nicht gemacht. Immer wieder müssen wir unsere Lebensrollen reflektieren und ausbalancieren. Jeder Bereich stellt dabei verschiedene Anforderungen an uns, die wir erfüllen müssen.

Die vier wichtigsten Lebensbereiche sind:

- ➢ Der Kontakt mit Mitmenschen: Familie, Partner, Freunde, Kinder, Kollegen
- ➢ Der Beruf
- ➢ Die eigene Person: Persönlichkeit, Körper und Gesundheit
- ➢ Sinn und Kultur

Darüber hinaus entwickeln wir im Laufe unseres Lebens viele verschiedene Rollen, die auf diese Hauptbereiche aufbauen. Wir sind Tochter oder Sohn, Mutter oder Vater, Ehefrau oder Ehemann, Freund oder Freundin, Angestellter, Mitglied in einem Verein usw. Wir sind Gärtner oder Maler oder Sportler oder Sänger. Ein bewusster Umgang mit unseren Lebensrollen hilft uns dabei, im Gleichgewicht zu bleiben. Dabei ist es wichtig, dass soziale, berufliche und persönliche Rollen alle beachtet und in Balance gehalten werden – die sogenannte Work-Life-Balance.

Grundsätzlich empfiehlt sich, nicht mehr als sieben verschiedene Lebensrollen aktiv wahrzunehmen. Natürlich hängt dies aber auch vom Zeitanspruch der verschiedenen Rollen ab. Manche Aktivitäten und Rollen lassen sich einfach planen und in den Tagesablauf integrieren, während zum Beispiel mit der Rolle als Elternteil sehr viel flexibler umgegangen werden muss. Zu viele verschiedene Lebensrollen führen allerdings häufig zu einer Überforderung und einer Vernachlässigung mancher Bereiche, daher ist es besonders wichtig, dass Sie die eigenen Interessen und Wünsche für die Zukunft kennen und Ihre Rollen daran anpassen. Wenn dauerhaft eine oder mehrere Rollen vernachlässigt werden, führt dies häufig zu Unzufriedenheit oder sogar Krankheit.

Schmieden Sie Pläne

Versuchen Sie, für Ihre verschiedenen Lebensrollen jeweils Jahres-, Monats- und Lebensziele zu formulieren. Was möchten Sie im Beruf erreichen? Was ist das Ziel Ihrer sportlichen Aktivitäten? Dabei muss die Antwort nicht immer ein beruflicher Fortschritt oder ähnliches sein; fokussieren Sie sich auch auf die Lebensrollen, die sich nur mit Ihnen selbst beschäftigen. Sie müssen sich in einer Rolle auch nicht zwingend verbessern: Ihr Ziel beim Malen kann zum Beispiel auch einfach sein, dass Sie die Tätigkeit genießen wollen.

Masterplan der Lebensrollen: Ein Beispiel

Lebensrolle	**Monatsziel**	**Lebensziel**
Mutter	Tochter bei Mathe helfen, Sohn Fahrradfahren beibringen	Eine gute Mutter sein und die Kinder zu unabhängigen, starken Menschen zu erziehen
Ehefrau	Gemeinsamer Ausflug ans Meer	Ein glückliches und verliebtes Leben zu führen
Lehrerin	Den Schülern die Wochentage beibringen und mit ihnen Schreibschrift üben	Schülern eine gute Bildung und einen guten Start ins weitere Schulleben zu ermöglichen, Lebensunterhalt zu sichern
Mitglied im Gemeinderat	Planung für das Gemeindefest abschließen	Einen engen Zusammenschluss meiner Gemeinde mit vielen Gemeinschaftsaktionen zu ermöglichen
Joggerin	2 Kilometer in unter 15 Minuten joggen	Ein gesundes Leben mit guter Ausdauer zu führen
Hobbybäckerin	Ein neues Rezept für das Kirchencafé ausprobieren	Rezepte aus aller Welt ausprobieren und gutes Essen genießen
Mitglied im Buchclub	„Herr der Ringe“ zu Ende lesen	Mit Gleichgesinnten über Literatur zu reden und das Lesen zu genießen

Versuchen Sie nun einmal, Ihre eigenen Ziele für Ihre verschiedenen Lebensrollen aufzuschreiben. Was wollen Sie erreichen? Was ist Ihnen im Leben besonders wichtig?

In Kapitel 2.2 gehen wir noch einmal genauer auf die Bedeutung von Zielen und Zukunftsplänen für Ihr Leben ein. In Kapitel 3 erklären wir Ihnen zudem, wie Sie einen übersichtlichen Jahresplan erstellen und so all Ihre Ziele im Auge behalten.

Was tun, wenn einer der Bereiche vernachlässigt wird?

Versuchen Sie, neue Ideen und Einfälle für Ihre Lebensbereiche zu sammeln. Was könnte Ihnen im Beruf weiterhelfen? Wie lenken Sie den Fokus auf mehr Zeit mit Ihrer Familie oder mehr Freizeit für sich selbst?

Hier einige Beispiele für eine Befassung mit den einzelnen Lebensbereichen:

➢Kontakt: Spieleabend, Ausflüge, Restaurantbesuche, Spaziergänge, Urlaub, Freizeitparks
➢Beruf: Fortbildungen, Besprechungen, neue Aufgaben übernehmen, Leistungen und Management verbessern
➢Die eigene Person: Massagen, ein Bad nehmen, Sport machen, das eigene Schlafverhalten verbessern
➢Sinn und Kultur: Kino, Theater, Festivals, Konzerte, neue und alte Hobbies

RISIKOMUSTER VERMEIDEN

Heutzutage scheint die Zeit uns nur so davonzufliegen. Acht Stunden am Tag im Beruf, in der Schule oder Universität, dann wartet der Haushalt, wenn man wieder zu Hause ist. Oma feiert ihren Geburtstag, Papa will wissen, wie sein neues Handy funktioniert, die beste Freundin will in der nächsten Bar über ihren Liebeskummer klagen – und zack, ist die Woche schon um. Und Sie hatten kaum Zeit für sich.

Häufig müssen wir im Leben gut delegieren, müssen unsere Aufmerksamkeit zwischen Beruf, Familie, Freunden, Haushalt etc. aufteilen, aber dabei dürfen auch unsere eigenen Bedürfnisse und Wünsche nicht außer Acht gelassen werden. In diesem Kapitel wollen wir Ihnen erklären, wie Sie erfolgreich nein sagen, um auch einmal Zeit für sich zu gewinnen und Ihnen einige erfolgreiche Methoden zur Stressbewältigung zeigen.

Erfolgreich nein sagen

Unglücklicherweise gibt es im Leben häufig Situationen, in denen uns unsere Mitmenschen die Zeit rauben. Da will der Chef den neuen Bericht bis ins kleinste Detail durchgehen, der Uniprofessor besteht darauf, dass Sie extra den langen Weg bis in die Uni auf sich nehmen, um Dokumente abzuholen oder Ihre Tante will noch ein bisschen länger mit Ihnen telefonieren. Manchmal sollen Sie dann plötzlich auch noch eine Aufgabe erledigen, die definitiv für jemand anderen gedacht war – und schon ist Ihre Entspannungszeit für den Tag dahin!

Daher ist es umso wichtiger, dass man auch mal nein sagen kann. Wenn Sie sich so sehr auf die Probleme, Gedanken und Wünsche anderer konzentrieren, wo bleibt da Platz für Ihre eigenen Wünsche? Wenn Sie immer nur ja sagen und das Wohlwollen anderer immer über Ihr eigenes stellen, wie sollen Sie sich da Zeit für sich selbst nehmen? Natürlich wollen Sie aber auch niemanden verletzen, wenn Sie ein bisschen Zeit für sich brauchen. Wie also schaffen Sie diesen Spagat zwischen Hilfsbereitschaft und Fokus auf sich selbst? Wie sagen Sie gelegentlich nein, ohne andere zu verletzen?

Wer nicht nein sagen kann, möchte es häufig allen recht machen und hat Angst vor Ablehnung. Von diesem Gedanken müssen Sie sich lösen. Immer „Ja“ zu sagen, nimmt Ihnen nicht nur jegliche Zeit für sich selbst, sondern führt auch häufig dazu, dass Sie abhängig von der Meinung anderer werden und sich selbst völlig überlasten. Praktischerweise gibt es viele Möglichkeiten, das Neinsagen zu lernen, ohne andere Mitmenschen dabei vor den Kopf zu stoßen.

Möglichkeiten des erfolgreichen Neinsagens sind:

• Auf Folgen hinweisen: Zeigen Sie Ihrem Gegenüber, dass es womöglich unerwünschte Folgen haben könnte, wenn Sie die Aufgabe übernehmen.
„Ich kann die Aufgabe zwar übernehmen, aber da ich noch in verschiedene andere Projekte eingebunden bin, werden wir die Abgabefrist nach hinten verschieben müssen."
„Ich kann es übernehmen, aber Sie wissen sicher, dass Martin besser für diese Aufgabe qualifiziert ist."

• Alternativen aufzeigen und Kompromisse schließen: Schlagen Sie eine Alternative vor, bei der Sie selbst Zeit sparen und sich wohlfühlen.
„Heute schaffe ich das leider nicht mehr, aber vielleicht können wir in den nächsten Tagen zusammen darüber schauen."
„Ich kann leider nicht die ganze Zeit dableiben, aber ich kann gern später beim Abbauen helfen."

• Konsequent bleiben: Lassen Sie sich in nichts hineinreden! Wenn Sie keine Zeit haben, haben Sie keine Zeit! Machen Sie das Ihrem Gegenüber freundlich klar.
„Ich habe leider schon andere Pläne, da kann ich also nicht."
„Sonntag ist immer ein Familientag bei mir, das geht also nicht."

• Dramatisieren: Machen Sie deutlich, dass die Aufgabe wohl nicht das Beste für Sie wäre. Übertreiben Sie dabei ruhig ein bisschen.
„Dabei würde ich mich leider unwohl fühlen."
„Du kannst das sicherlich besser als ich, da wäre ich nur im Weg."

• Um Verständnis bitten: Zeigen Sie Ihrem Gegenüber, dass Sie leider keine Zeit haben oder Ihre Pläne sich leider widersprechen.

„Ich fühle mich geschmeichelt von diesem Angebot, habe aber ganz andere Pläne für die Zukunft."

• Kurz, knapp und deutlich: Sagen Sie es einfach.
„Nein."

Wie Sie sehen, gibt es also viele Möglichkeiten, nein zu sagen, ohne andere dabei zu verletzen. Dabei ist es selbstverständlich wichtig, Ihre Antwort an die Person anzupassen, mit der Sie reden.

Wollen Sie Ihrem Chef gegenüber nein sagen, dann sollten Sie professionell bleiben. Zeigen Sie Handlungsalternativen auf, seien Sie höflich und beschwichtigen Sie. Bei Kollegen haben Sie einen größeren Handlungsspielraum: Sie können um Verständnis bitten, konsequent bleiben, aber auch mal deutlich machen, wenn Sie genervt sind. Wenn Sie immer wieder gefragt werden, die Aufgaben anderer Leute zu übernehmen, dürfen Sie auch mal die Unverschämtheit dieser Bitte deutlich machen. In familiären Situationen ist es ebenfalls hilfreich, um Verständnis zu bitten und Alternativen anzubieten. Falls Familienmitglieder oder Freunde regelmäßig Gefälligkeiten von Ihnen einfordern, können Sie außerdem auch Gefallen einfordern. Eine Hand wäscht die andere.

Um gut nein sagen zu können, brauchen Sie ein gutes Selbstwertgefühl und ein bisschen Selbstvertrauen. Wichtig ist, dass Sie sich klar und deutlich ausdrücken. Nicht *„Vielleicht kann ich das ja machen."* Machen Sie klar, dass es bei Ihnen gerade nicht passt. Nicht *„Tut mir wirklich leid, aber ..."* Sie müssen nicht durchgehend für andere verfügbar sein und wenn Sie keine Zeit haben, müssen Sie sich auch nicht rechtfertigen. Vermeiden Sie außerdem Notlügen. Wenn Sie keine Lust haben, wird Ihr Gegenüber dafür auch Verständnis haben.

Quellen für Druck erkennen und reduzieren – Stressbewältigung

Stresssituationen sind in unserem Leben alltäglich, aber Sie sollten sich **nicht** durchgehend fühlen, als hätten Sie keine Zeit für sich, als würden Sie Ihr Leben unter Druck leben. Balance ist einer der wichtigsten Faktoren im Leben und setzt ein gutes Zeitmanagement voraus. Falls Sie häufig gestresst sind oder unter Druck stehen, kann es dafür viele verschiedene Gründe geben. Diese Gründe zu ermitteln ist ein erster Schritt zur Besserung. Fragen Sie sich also: Wo werde ich unter Druck gesetzt?

- Werden Sie im Beruf überfordert oder unterfordert?
- Haben Sie Probleme mit Vorgesetzten oder Kollegen?
- Haben Sie gesundheitliche Probleme?
- Sind Sie mit Ihrer finanziellen Situation unzufrieden?
- Fühlen Sie sich in Beziehungen mit Ihrem Partner, Ihren Freunden oder Ihrer Familie unter Druck gesetzt?
- Machen Sie sich selbst zu viel Druck?

Beantworten Sie für sich diese Fragen. Sind Ihre Lebensbereiche gut ausbalanciert oder entdecken Sie ein großes Ungleichgewicht? Wenn ein Bereich Ihres Lebens Sie stark belastet, kann diese Belastung häufig durch einen anderen Bereich wieder ausgeglichen werden. Ein Telefonat mit einem Freund kann Sie von Problemen im Beruf ablenken oder der Beruf kann Sie von Problemen in einer Beziehung ablenken. So können Sie Ihre Energie aus verschiedenen Bereichen Ihres Lebens ziehen, um Ihre Balance wiederherzustellen.

Hier noch einige Tipps, um in Zukunft besser mit Druck umzugehen:

- Das eigene Stresslevel richtig einschätzen

Atemprobleme, Gefühlsausbrüche, Herumzappeln – all das können Anzeichen für ein hohes Stresslevel sein. Versuchen Sie herauszufinden, was der Ursprung des Stresses ist!

- Tief durchatmen!

Ein bisschen frische Luft hilft hier am besten, falls Sie Ihrem Umfeld für fünf Minuten entfliehen können. Sollte das nicht gehen, machen Sie fünf tiefe Atemzüge: Fünf Sekunden einatmen, fünf Sekunden halten, fünf Sekunden ausatmen.

• Die Situation kontrollieren

Machen Sie sich selbst Stress? Oder haben Sie Einfluss auf das, was Sie stresst? Versuchen Sie, Einfluss auf die Situation zu nehmen und den Druck zu eliminieren!

• Ruhig bleiben – Aggression und Wut vermeiden

Wenn man unter Stress steht, ist das Gefühlschaos meistens groß – man ist leicht reizbar und emotional. Aber gerade hier ist es wichtig, rational zu bleiben. Auf Wut reagieren Mitmenschen meistens nicht positiv, so werden Sie Ihr Ziel also nicht erreichen. Wenn Sie auch in stressvollen Situationen ruhig bleiben und einen kühlen Kopf bewahren, kommen Sie damit sehr viel weiter!

• Prioritäten setzen

Oft beschäftigen wir uns im Leben zu sehr mit den schweren Aufgaben. Dabei häufen sich jedoch die einfachen Aufgaben auf, obwohl wir sie schnell erledigen könnten. Und plötzlich haben wir einen unüberschaubaren Berg an unbearbeiteten Aufgaben und versinken im Stress: Wo soll ich denn jetzt anfangen?

Wenn Sie mit einer schwierigen Aufgabe im Leben oder Beruf nicht weiterkommen, sollten Sie die Aufgaben priorisieren, die Sie beherrschen. Erledigen Sie das Einfachste zuerst; es macht einen großen Unterschied, vor zehn Aufgaben zu stehen und an einer davon zu zerbrechen oder vor einer großen Aufgabe zu stehen, der man nun Zeit widmen kann, weil alles andere fertig ist.

• An die Mitmenschen wenden

Probleme in sich hineinzufressen hilft niemandem weiter: Reden Sie mit Freunden oder Kollegen! Dabei ist es erst einmal egal, ob Sie sich über Ihre stressige Situation aufregen wollen, nach guten Ratschlägen suchen oder sich einfach nur ablenken wollen; der Kontakt mit anderen hilft.

Besonders praktisch ist es, jemanden mit dem gleichen Problem zu finden. Lernen Sie für die gleiche Prüfung wie ein Freund? Super! Tun Sie sich zusammen, fragen Sie sich ab und gehen Sie die Themen durch, die Sie noch nicht verstehen. Kommen Sie bei einem Arbeitsprojekt nicht weiter? Vielleicht haben Ihre Kollegen hilfreiche Ratschläge und Denkanstöße für Sie! Haben Sie keine Angst davor, nach Hilfe zu fragen!

• Ein Mantra suchen
Mantren stammen aus dem Hinduismus und Buddhismus und sind heilige Worte oder Verse. Heute gibt es Millionen davon, die für verschiedenste Lebenssituationen verwendet werden können. Suchen Sie sich ein Mantra, das Sie motiviert und Ihnen Hoffnung gibt! Hierbei kann es sich um etwas Einfaches handeln wie „Ich schaffe das!" Suchen Sie sich Inspiration in Ihren Lieblingsfilmen oder -liedern: „Don't worry, be happy!", oder erfinden Sie selbst etwas, was Ihnen bei Stress weiterhilft. Wiederholen Sie Ihr Mantra in stressigen Situationen im Kopf oder heften Sie ein Bild von Ihrem Mantra an den Kühlschrank; lassen Sie sich motivieren!

Für stressreiche Situationen sind die oben genannten Methoden perfekt; sie liefern Ihnen eine schnelle Lösung. Natürlich gibt es aber auch mal Zeiten, in denen der Stress nicht abzunehmen scheint; Sie stehen unter konstantem Druck. Hier sind größere Maßnahmen nötig: Wenn Sie ständig gestresst sind, dann überfordern Sie sich vielleicht selbst oder nehmen sich zu viel vor.

So bewältigen Sie konstanten Stress:

• Die Stressquelle ermitteln
Meistens wissen wir, warum wir so unter Stress stehen. An dieser Situation muss dann gearbeitet werden. Natürlich ist das nicht immer angenehm: Wer sagt anderen schon gern, dass man stressbedingt ein bisschen zurücktreten muss? Aber hier geht Ihre Gesundheit und Ihr Wohlbefinden vor:

Reden Sie mit Ihrem Vorgesetzten, Ihrer Familie oder Ihren Freunden. Es hilft niemandem, wenn Sie schweigend auf ein Burn-out zusteuern!

- Freizeit und Zeit für sich

In Stresssituationen ist man häufig so auf die Arbeit fokussiert, dass man das Entspannen völlig vergisst. Planen Sie eine feste Stunde pro Tag ein, in der Sie sich nicht mit Beruf oder Mitmenschen beschäftigen. Diese Stunde gehört Ihnen: Sie können ein Nickerchen machen, Fernsehen, ein gutes Buch lesen, sich auf Sie selbst fokussieren.

- Auf die Gesundheit achten: Sport und Ernährung

Achten Sie darauf, genug zu essen und insbesondere viel Wasser zu trinken. In einer Stresssituation sind wir oft auf andere Dinge fokussiert und vergessen, genug zu trinken. Stellen Sie am besten immer eine Wasserflasche an Ihren Arbeitsplatz. Versuchen Sie, übermäßigen Konsum von Koffein und Alkohol zu vermeiden: Beides erhöht den Stress eher, als ihn zu senken. Versuchen Sie, sich ein wenig Zeit pro Tag für Bewegung freizuhalten. Sport ist einer der Top-Helfer bei Stressbewältigung: Er reduziert Ihren Blutdruck und kann Serotonin freisetzen.

- Die Zeit richtig einteilen

Sind Sie gestresst und wissen gar nicht richtig, warum? Oder haben Sie das Gefühl, für manche Aufgaben viel zu viel Zeit zu benötigen? In Kapitel 2.5 erklären wir Ihnen, wie Sie Zeitfresser ermitteln und vermeiden und in Kapitel 3 befassen wir uns mit To-do-Listen und Tagesplänen, die Sie bei einem geregelten Tagesablauf unterstützen.

- Fehler akzeptieren und an sich selbst glauben

Niemand ist perfekt! Geben Sie sich Mühe, aber machen Sie sich nicht zu viele Sorgen über Fehler. Häufig machen wir uns selbst am meisten Stress. Seien Sie selbstbewusst und geben Sie Ihr Bestes – das ist genug. Sie müssen nicht alles perfekt beherrschen.

ZEITFRESSER IDENTIFIZIEREN UND AUFSCHIEBERITIS ÜBERWINDEN

Sie kennen das: Da wollen Sie eigentlich in fünf Minuten mit Ihrem Bericht anfangen, die Spülmaschine ausräumen oder duschen gehen, aber in den fünf Minuten kann ja noch die Folge auf Netflix zu Ende geschaut, eine Runde des Spiels auf dem Handy gespielt oder das Kapitel zu Ende gelesen werden. Und plötzlich sind zwei Stunden vergangen und Sie haben das ganze Buch gelesen oder die Staffel zu Ende geschaut.

Oft wird uns die Zeit von anderen oder auch von uns selbst gestohlen. Aber wie verkürzen wir Tätigkeiten, die zu viel Zeit in Anspruch nehmen? Wie vermeiden Sie Ablenkungen? Der erste Schritt ist die Identifikation der eigenen Zeitdiebe: Wo wird Ihnen Zeit gestohlen? Gehen Sie die folgende Liste durch und überlegen Sie, welche Störungen Sie häufig von der Arbeit abhalten.

- Trägheit und mangelnde Motivation
- Lärm und Ablenkung
- Schlechte Planung und Delegation
- Zu viele Termine
- Neigung zum Perfektionismus
- Unordnung
- Schwätzchen mit Kollegen oder Freunden
- Schlechte Einschätzung der Zeit
- Unzählige E-Mails oder ewige Telefonate

Nun gibt es zwei Möglichkeiten, wie Sie mit den Störungen umgehen können:

- Sie planen Zeit für die Störungen ein.
- Sie ignorieren die Störungen.

Viele Störungen sind einfach zu reduzieren oder sogar ganz zu vermeiden. Wenn Sie sich selbst häufig ablenken, stellen Sie sicher, dass Ihr Arbeitsplatz minimale Ablenkungsmöglichkeiten bietet. In den folgenden

Kapiteln zeigen wir Ihnen unter anderem, wie Sie Ihren Schreibtisch effizient gestalten. Platzieren Sie außerdem Smartphones und andere Medien, die Sie ablenken können, außer Reichweite. In Kapitel 4 gehen wir darauf ein, wie Sie effizient telefonieren, Ihre E-Mails sortieren und geschäftliche Besprechungen kurzhalten, damit auch diese nicht zu Zeitfressern werden.

Auch Ihre Mitmenschen werden Verständnis haben, wenn Sie gerade mal keine Zeit haben. Sagen Sie ihnen höflich, dass Sie sich später wieder bei ihnen melden oder gerade leider keine Zeit für ein Gespräch haben. Schlagen Sie Alternativtermine für Gespräche vor, die sich besser mit Ihrem Zeitplan vereinbaren lassen.

Es gibt auch viele äußere Faktoren, mit denen Sie Ihre Unterbrechungen kurzhalten können: In Ihrem Büro können Sie die Tür schließen oder mit Kollegen ein Signal ausmachen, dass Sie gerade nicht gestört werden wollen. Erhalten Sie einen unerwarteten Besucher am Arbeitsplatz, für den Sie gerade keine Zeit haben, dann führen Sie Ihr Gespräch im Stehen. Eine Einladung, sich hinzusetzen, lädt auch automatisch zu einem längeren Gespräch ein. Zeigen Sie den Menschen, dass sie beschäftigt sind.

Dann gibt es wiederum die Störungen, die nicht vermeidbar sind. Wenn Sie schon früh wissen, dass Sie sich mit einer dieser Störungen befassen müssen, dann integrieren Sie diese in Ihren Zeitplan. So wird die Störung zu einem festen Termin. Bemühen Sie sich, hier nur so viel Zeit zu verbrauchen, wie dringend notwendig. Falls Sie regelmäßig mit Zeitfressern zu tun haben, die nicht vermeidbar oder vorhersehbar sind, dann ist ein bisschen Flexibilität vonnöten: Planen Sie ein wenig Zeit pro Tag für Störungen ein. Falls Sie dann mal nicht gestört werden, können Sie die zusätzliche Zeit für weitere Aufgaben oder zum Entspannen nutzen.

Aufschieberitis überwinden

Häufig fällt es uns leichter, mit Zeitfressern umzugehen, die wir nicht selbst verursacht haben. Einen redefreudigen Kollegen loswerden, ein Telefonat verkürzen, all das ist möglich. Aber was tun, wenn wir selbst einfach keine Lust haben, unsere Aufgaben zu erledigen?

Normalerweise gibt es drei mögliche Gründe, warum wir Aufgaben vor uns herschieben:

- Wir wollen schwierige Aufgaben vermeiden.
- Wir wollen harte Entscheidungen vermeiden.
- Wir wollen unangenehme Aufgaben vermeiden.

Hier einige Tipps, wie Sie mit Aufschieberitis umgehen:

- Überlegen Sie, warum Ihnen eine Aufgabe unangenehm ist. Vielleicht ist das Unangenehme an der Aufgabe vermeidbar oder Sie können die Aufgabe ein bisschen spannender machen. Schalten Sie beim Aufräumen laute Musik an oder sehen Sie beim Bügeln fern.

- Denken Sie an die Resultate: Wenn ich diese Aufgabe jetzt erledige, kann ich den Rest des Tages entspannen. Wenn ich meine Sache jetzt gut mache, kann ich mir im Sommer vielleicht meinen Traumurlaub leisten.

- Belohnen Sie sich! Ob ein Stück Schokolade oder eine Folge Ihrer Lieblingsserie; wenn Sie eine schwierige Aufgabe bewältigt haben, dann dürfen Sie sich auch eine Kleinigkeit gönnen. So können Sie sich noch besser motivieren.

- Teilen Sie die Aufgabe in kleine Schritte. Selbst, wenn Sie einmal vor Abschluss der Aufgabe aufhören, haben Sie so schon einige der Schritte erledigt. Direkt sieht die Aufgabe machbarer aus!

Versuchen Sie auch, Ihr eigenes Verhalten zu reflektieren. Häufig schieben wir Aufgaben auf, weil wir Versagensangst haben und es deshalb gar nicht erst versuchen. Mangelnde Selbstdisziplin ist ebenfalls ein häufiger Faktor. Versuchen Sie, gelassener zu werden und sich nicht zu viele Gedanken darüberzumachen, was schiefgehen könnte. Es ist besser, eine Aufgabe nur halb zu machen, als gar nicht erst anzufangen. Wenn Sie Ihre eigenen Zeitfallen gut einschätzen können, fällt es Ihnen in Zukunft außerdem leichter, ebendiese zu vermeiden.

Ein kontrollierter Medienkonsum

Der wohl größte Zeitfresser heutzutage ist der Konsum von Medien: Nur einmal schnell das Handy checken, nur einmal schnell die Folge zu Ende gucken – und schon haben wir viel mehr Zeit verloren, als geplant war. Gerade deswegen ist ein geregelter Medienkonsum von Bedeutung.

Um Ihren Medienkonsum unter Kontrolle zu bekommen, sollten Sie einen genaueren Blick auf Ihren Zeitplan und Ihre Angewohnheiten werfen: Überlegen Sie sich, wie viel Zeit pro Tag Sie für verschiedene Medien wie Mobiltelefon, Computer, Fernseher, Zeitschriften oder Bücher verwenden wollen. Schätzen Sie dann ein, wie viel Zeit Ihr Medienkonsum täglich tatsächlich in Anspruch nimmt. Es fällt oft nicht leicht, aber setzen Sie Ihren Fokus auf einen bewussten Medienkonsum. Sehen Sie fern, wenn eine Sendung läuft, die Sie tatsächlich interessiert. Überlegen Sie vorher, was Sie sehen oder lesen wollen. Außerdem gilt: Vorsicht vor der „Social Media"-Falle. Überlegen Sie sich vorher, wie viel Zeit Sie auf sozialen Plattformen wie Facebook oder Instagram verbringen wollen. Seien Sie streng mit sich selbst – wenn der Zeitraum vorbei ist, ist es Zeit für eine neue Beschäftigung.

Mit Gewohnheiten brechen

Gewohnheiten sind ein wichtiger Teil unseres Lebens und gerade deshalb fällt es uns häufig schwer, dieses Verhalten zu ändern, auch wenn sie uns aufhalten. Mancher Teil Ihres Tagesablaufs ist vermutlich schon zu einer richtigen Tradition geworden: Zeitung lesen am Morgen und dabei Kaffee trinken, eine bestimmte Serie im Fernsehen schauen oder auch viel zu lange aufbleiben. Was also können Sie tun bei Gewohnheiten, die Ihnen die Zeit rauben?

Der erste Schritt ist hier erneut, das eigene Zeitverhalten unter die Lupe zu nehmen:

- An welchen Gewohnheiten sollten Sie etwas ändern, weil sie Ihnen kostbare Zeit rauben? Welche Gewohnheiten sind unproblematisch?
- Wie können Sie Ihre störenden Gewohnheiten aufgeben?

Hier ist es wichtig, dass Sie mit sich selbst Kompromisse schließen: Wenn es Ihnen sehr schwerfällt, eine zeitfressende Gewohnheit aufzugeben, gibt es womöglich eine Abwandlung Ihrer Tradition, die zeitsparender ist. Versuchen Sie, Ihre schlechte Angewohnheit durch eine zu ersetzen, die besser in Ihren Tagesplan passt und effektiver ist. Suchen Sie nach Strategien für Beruf und Haushalt, die Ihnen Spaß machen und Sie dennoch schnell an Ihr Ziel führen.

Natürlich haben wir auch Angewohnheiten, die uns lieb geworden sind, aber dennoch zu viel Zeit in Anspruch nehmen. Überlegen Sie, was genau Ihnen an der Angewohnheit so gut gefällt – vielleicht benötigen Sie dafür gar nicht so viel Zeit, wenn Sie sie mit etwas anderem verknüpfen! Sie machen morgens häufig den Fernseher an, um dabei Ihren Kaffee zu trinken, sind deswegen aber nie rechtzeitig aus dem Haus? Die Alternative: Verbinden Sie das Kaffeetrinken mit einer Aktion, die weniger Zeit in Anspruch nimmt und Sie in Ihrem Tagesablauf voranbringt. Verbinden Sie die positive Seite Ihrer Gewohnheit mit etwas Neuem. Außerdem können Sie versuchen, bei zeitfressenden Aktivitäten produktiv zu sein. Bügeln Sie zum Beispiel bei Ihrer Lieblingssendung nebenbei schon einmal die Hemden, so haben Sie hinterher noch Zeit für andere, wichtige Tätigkeiten. Gerade Aufgaben im Haushalt lassen sich oft gut mit Entspannung verbinden.

Grundsätzlich gilt: Ihre innere Einstellung zählt

Zeitfresser zu überwinden und sich um ein gutes Zeitmanagement zu bemühen ist immer auch eine Sache der Selbstkontrolle und -disziplin. Setzen Sie sich selbst Richtlinien und machen Sie Pläne – versuchen Sie dann aber auch Ihr Bestes, diese zu befolgen. Gehen Sie bewusst durch den Tag:

So beschäftigen Sie sich mit wichtigen Aufgaben und haben die Möglichkeit, in Ihrer Freizeit tatsächlich zu entspannen.

Natürlich kann es dabei immer wieder einmal passieren, dass der Zeitplan nicht aufgeht oder Sie sich trotzdem Zeitdieben hingeben – das ist ganz normal. Passen Sie dann aber auf, dass Sie nicht wieder in Ihre störenden Angewohnheiten zurückrutschen. Bemühen Sie sich um eine Analyse des eigenen Verhaltens und schmieden Sie Pläne zur Besserung. Wenn Sie die Quellen Ihrer Probleme identifizieren, fällt es umso einfacher, einen Handlungsplan zu erstellen und Konsequenzen zu ziehen.

Die Tagesplanung – worauf Sie achten müssen

Das wichtigste Werkzeug eines erfolgreichen Zeitmanagements ist der Tagesplan – dort haben Sie schwarz auf weiß Ihre Termine und einen guten Überblick über Ihre Aufgaben. Doch wie entwerfe ich so einen Plan? Wie priorisiere ich die wichtigen Aufgaben? Und welche Art von Tagesplanung sollte ich überhaupt nutzen? Auf diese Fragen finden Sie in diesem Kapitel die Antwort. Wir erklären Ihnen verschiedene Taktiken, um Ihre Prioritäten zu ermitteln, zeigen Ihnen, wie Sie Ihren Tag effizient planen und erklären Ihnen Vor- und Nachteile verschiedener Planungsmethoden.

SCHRITT 1 DER ERFOLGREICHEN PLANUNG: PRIORITÄTEN SETZEN

Wenn das Gebäude in Flammen steht, mache ich mich nicht an die Spitzbuben, die das Hausgerät stehlen! Ich lösche zuerst das Feuer.

Georges Danton (1759-94), frz. Revolutionär

Prioritäten zu setzen fällt uns im alltäglichen Leben nicht immer leicht. Wie soll man schließlich entscheiden, welche Aufgaben dringender sind? Vielleicht stammen Sie aus unterschiedlichen Lebensbereichen und sind beide dringend? Prioritäten setzen ist leider aber auch notwendig für einen geplanten Tagesablauf. Sie müssen entscheiden, was am jeweiligen Tag von Bedeutung ist, bevor Sie sich auf Ihren Tagesplan festlegen. Häufig geht uns dabei etwas schief: Wir planen zu viel auf einmal, fokussieren uns auf die unwichtigen Aufgaben, bringen nichts zu Ende. Glücklicherweise gibt es einige interessante Strategien, mit denen Sie Ihre Prioritäten schnell ermitteln und Ihre Tagesplanung vereinfachen können.

Das Pareto-Prinzip

Heutzutage muss immer alles größer und besser sein. Wir wollen viel erreichen und je mehr wir tun, desto mehr erreichen wir auch, oder? Für mehr Einsatz und Bemühungen gibt es schließlich mehr Erfolg, mehr Geld, ein besseres Leben? Na ja, nicht ganz. Diese Einstellung ist ein moderner Mythos, der bei zu viel Bemühungen auch schnell unserer Gesundheit schaden kann.

Vilfredo Pareto, ein italienischer Volkswirt, entwickelte schon im 19. Jahrhundert das nach ihm benannte Pareto-Prinzip. Damals fand Pareto heraus, dass circa 20 % der Familien 80 % des Gesamtvermögens des Landes besaßen. Aus dieser Erkenntnis entstand im Laufe der Zeit die These, dass ganze 80 % der Ergebnisse aus nur 20 % der Bemühungen und des Einsatzes resultieren. Was sagt uns das also? Wenn wir mit nur 20 % der Bemühungen schon so viel erreichen können, müssen viele unserer Handlungen Zeit verschwendend sein – sie tragen nur gering zu unserem gewünschten Ergebnis bei.

Das Pareto-Prinzip ist nicht nur im Bereich Zeitmanagement eine nützliche These, sondern scheint sich im ganzen Leben immer wieder zu beweisen. So führen 20 % der Nationen 80 % der Kriege, 20 % der Autoren sorgen für 80 % der Buchkäufe und 20 % der Wissenschaftler sorgen für 80 % der Entdeckungen. Aber wie können wir das Pareto-Prinzip für unseren Tagesplan nutzen?

Die grundlegende Einsicht, die Sie aus dem Pareto-Prinzip ziehen sollten, ist: Weniger ist mehr. Das Prinzip hilft dabei, weniger zu machen, aber trotzdem mehr zu erreichen und sogar bessere Ergebnisse zu erzielen. Das Wichtigste hierbei ist tatsächlich, Prioritäten zu setzen. Vielleicht haben Sie von Ihren 10 geplanten Aufgaben am Tag 8 erledigt, aber die zwei wichtigen sind dabei liegen geblieben – denn andersherum verwenden wir auch 80 % unserer Zeit, um 20 % des Ergebnisses zu erreichen.

Um besonders effizient zu arbeiten und ein gutes Ergebnis zu erzielen, sind also zwei Fragen von besonders großer Bedeutung:

- Was ist wichtig?
- Was ist dringend?

Wichtige Aufgaben sind jene, die Ihnen beim Erreichen Ihrer Ziele helfen. Diese Aufgaben haben höchste Priorität, müssen meistens aber über einen längerfristigen Zeitraum erfüllt werden. Dringende Aufgaben haben eine Deadline – sie müssen an einem bestimmten Zeitpunkt erledigt sein. Dringende Aufgaben setzen uns daher häufig unter Druck: Wenn wir zu viele dringende Tätigkeiten gleichzeitig erfüllen müssen, fühlen wir uns gestresst und überfordert. Das kann so weit führen, dass wir keine Zeit mehr für unsere wichtigen Aufgaben haben, weil wir so mit den dringenden Aufgaben beschäftigt sind. Im Folgenden stellen wir Ihnen zwei weitere Methoden vor: die ABC-Methode und das Eisenhower-Prinzip. Diese unterstützen Sie bei der Differenzierung von dringenden und wichtigen Aufgaben und helfen Ihnen bei einer gut strukturierten Tagesplanung.

Die ABC-Methode

Diese Methode ist sehr effektiv und trotzdem einfach anzuwenden. Das Wissen der ABC-Methode lässt sich sehr gut mit dem Eisenhower Prinzip kombinieren, um die Setzung von Prioritäten zu ermöglichen. Hier wird zwischen drei Aufgabentypen unterschieden: A (sehr wichtig), B (wichtig) und C (weniger wichtig).

- A: Diese Aufgaben sind sehr wichtig und meistens nicht delegierbar – Sie müssen sie selbst erledigen. Die Tätigkeiten haben eine direkte Verknüpfung mit Ihren Zielen. Sie sind nicht unbedingt dringend, aber können dies werden, wenn Sie vernachlässigt werden. Beginnen Sie Ihren Tag immer mit A-Aufgaben.
- B: B-Aufgaben haben eine mittlere Bedeutung und können teilweise delegiert werden. Sie nehmen deutlich weniger Zeit in Anspruch als A-Aufgaben.

- C: Diese Aufgaben sind Routineaufgaben und haben einen eher geringen Mehrwert. Ausgerechnet diese Aufgaben kriegen von uns leider aber die größte Aufmerksamkeit: Da wir viele von diesen Aufgaben haben, messen wir ihnen eine zu hohe Priorität zu. Bemühen Sie sich, effektive Strategien für die Bewältigung dieser Aufgaben zu finden: Delegieren Sie oder machen Sie diese Aufgabe am Schluss.

Grundsätzlich gilt: Ungefähr 60 % Ihrer Zeit sollte für Aufgaben des Typs A eingeplant werden, 25 % für B-Aufgaben und die restlichen 15 % für Aufgaben des Typs C. Diese Aufteilung können Sie nutzen, um Ihre Tätigkeiten zu ordnen und einen Tagesplan aufzustellen: Pro Tag sollten Sie ein bis zwei Aufgaben der A-Klasse erfüllen (ungefähr 4 Stunden), weitere zwei bis drei B-Aufgaben (ungefähr eine Stunde). Für die C-Aufgaben sollte ein Zeitraum von circa 45 Minuten übrigbleiben. C-Aufgaben, die Sie am geplanten Tag nicht vervollständigen können, können am nächsten Tag wieder auf den Tagesplan gesetzt werden. Aber Vorsicht: Evaluieren Sie die Wichtigkeit und Dringlichkeit der Aufgabe täglich von Neuem. Sie könnten gestiegen sein.

Das Eisenhower-Prinzip

Das Eisenhower-Prinzip, entwickelt vom amerikanischen Präsidenten Dwight D. Eisenhower, ist ein Entscheidungsprinzip, das Ihnen durch eine Kombination mit der ABC-Methode die Tagesplanung und die Setzung von Prioritäten vereinfacht.

Auch hier werden Aufgaben wieder nach den Kriterien der Wichtigkeit und Dringlichkeit bewertet. Die Aufgaben lassen sich in vier verschiedene Kategorien einteilen, die sich in einer Matrix (auch Eisenhower-Quadrant genannt) darstellen lassen. So erhalten Sie eine Rangfolge, in der Sie Ihre Aufgaben abarbeiten sollten:

	Sehr wichtig	Nicht wichtig
Sehr dringend	A-Aufgaben Sofort erledigen	C-Aufgaben

		Delegieren oder schnell erledigen
Nicht dringend	B-Aufgaben Planen, Termin festlegen	D-Aufgaben Eliminieren oder verschieben

➢ *1. Quadrant: A-Aufgaben (Sehr wichtig und sehr dringend)*
Dies sind Aufgaben, die Sie schnellstmöglich und persönlich erledigen sollten. Hierzu zählen sich nähernde Deadlines oder auch Krisensituationen.

➢ *2. Quadrant: B-Aufgaben (Sehr wichtig)*
Diese Aufgaben sind wichtig für Ihre Ziele und Ihre Persönlichkeitsentwicklung. Nehmen Sie sich regelmäßig Zeit, an diesen Aufgaben zu arbeiten, um Ihrem Erfolg näherzukommen. Da B-Aufgaben nicht dringlich sind, werden sie oft zu lange ignoriert und dann doch zum Problem. Beispiele für Aufgaben aus diesem Quadranten sind Tätigkeiten, die mit Familie, Weiterbildung, Gesundheit und Erholung zusammenhängen. Achten Sie darauf, dass dieser Quadrant nicht von Aufgaben mit C-Priorität überschattet wird.

➢ *3. Quadrant: C-Aufgaben (Sehr dringend)*
C-Aufgaben sind, wie schon bei der ABC-Methode erläutert, meistens Routineaufgaben, die für unsere persönliche Weiterentwicklung und Zielsetzung nicht von besonderer Bedeutung sind. Zu solchen Aufgaben zählen zum Beispiel E-Mails schreiben, Dokumente sortieren oder Termine vereinbaren. Versuchen Sie, diese Tätigkeiten zu delegieren oder schnell zu erledigen.

➢ *4. Quadrant: D-Aufgaben (Nicht wichtig und nicht dringend)*
Aufgaben, die weder dringend noch wichtig sind, haben – Sie ahnen es bereits – in unseren Plänen eigentlich nichts verloren und können durch gutes Delegieren und Planen auch meist vermieden werden. Ausnahme sind Tätigkeiten, die der Entspannung dienen: Nur weil das neueste Buch oder die

Netflix-Serie weder wichtig noch dringend sind, heißt das nicht, dass Sie diese Tätigkeiten von Ihrer Liste streichen sollten. Lassen Sie die D-Aufgaben, die Ihrem Wohlbefinden und Ihrer Freizeit dienen, ohne Ihr Zeitmanagement zu stören, auf der Liste. Machen Sie sich allerdings bewusst, dass Aufgaben aus den anderen Quadranten vorrangig sind.

Abschließend: Prioritäten setzen mithilfe der gelernten Methoden

1. Schreiben Sie Ihre Aufgaben für den Tag, die Woche oder den Monat auf.
2. Überlegen Sie: Welche Priorität haben die Aufgaben? Sind Sie wichtig oder dringend? Teilen Sie die Aufgaben in die Eisenhower-Quadranten ein. Denken Sie daran: Wichtigkeit vor Dringlichkeit. Wenn Sie sich zu sehr in Ihren dringlichen Aufgaben verheddern, bleibt sonst keine Zeit mehr für persönliches Wachstum und Aufgaben, die Sie Ihren Zielen näherbringen.
3. Egal, wie verlockend es scheint, arbeiten Sie die Aufgaben nach der festgelegten Reihenfolge ab: A, B, C, D. Falls Sie eine Aufgabe zeitlich nicht schaffen und sich deswegen sorgen, überdenken Sie die Priorität. Vielleicht ist die Aufgabe doch wichtiger oder dringlicher, als sie zu Beginn schien.

PRODUKTIVITÄT: DEN TAG SINNVOLL EINTEILEN

Jeder Mensch ist anders – und das trifft auch bei unserer Zeiteinteilung und Produktivität zu. Manche Menschen können auch mitten in der Nacht ihre Aufgaben noch effizient erledigen, andere stehen lieber früh morgens auf und wieder andere bevorzugen, ihre Aufgaben mittags oder nachmittags zu erledigen. Das bedeutet allerdings, dass es nicht die eine Möglichkeit des Planens geben kann. Jeder Mensch hat andere Bedürfnisse und daran muss ein Tagesplan immer individuell angepasst werden.

Um Ihren Tag möglichst effizient zu planen, sollten Sie zunächst ermitteln, zu welcher Tageszeit Sie am meisten gestört werden und zu welcher Tageszeit Sie am produktivsten oder am effizientesten Arbeiten können. In Kapitel 2.4 haben wir Ihnen schon Tipps und Tricks im Umgehen mit Störfaktoren und Zeitfressern gezeigt. Manchmal können diese Störungen leider nicht vermieden werden, wir haben aber häufig die Möglichkeit, sie ungefähr vorherzusagen.

Störfaktoren sind besonders bei konzentrierter Arbeit ein großes Problem. Da haben Sie sich einmal richtig ins Thema eingearbeitet, und dann klopft es an der Tür und Ihr Gedankengang ist direkt wieder vergessen! Um auf diese Weise eine Situation zu vermeiden, ist es hilfreich, mögliche Störungen in Ihren Tagesplan miteinzubeziehen. Analysieren Sie daher vor der Aufstellung eines Tagesplans Ihre Störfaktoren und versuchen Sie, diese einer Tageszeit zuzuordnen.

Tragen Sie in die folgende Tabelle ein, wie sehr Sie zu einer bestimmten Uhrzeit normalerweise mit Störungen zu rechnen haben.

	8	9	10	11	12	13	14	15	16	17	18
Sehr häufig											
Häufig											
Manchmal											
Selten											
Nie											

Die meisten Besucher oder Anrufe bei der Arbeit treten vormittags zwischen 9 und 12 Uhr sowie nachmittags zwischen 14 und 16 Uhr auf. Dieses Wissen können Sie sich bei Ihrem Tagesplan zunutze machen. Wenn Sie morgens besonders produktiv sind, können Sie Ihre wichtigen Aufgaben schon früh erledigen, ohne Unterbrechungen zu erwarten. Auch zur Mittagszeit oder nachmittags haben Sie vermutlich mehr Ruhe. Werfen Sie einen Blick auf die Tabelle. Wann werden Sie am meisten gestört? Planen Sie die Aufgaben, bei denen Sie Ihre Ruhe und Konzentration brauchen, um Ihre Störzeiten herum!

Das eigene Potenzial voll ausschöpfen

Wie schon gesagt: Manche Menschen sind Frühaufsteher, manche eher Nachteulen. Jeder Mensch schöpft sein Potenzial zu einer anderen Zeit aus – und das können Sie sich zunutze machen! Überlegen Sie:

- Wann kann ich besonders gut und konzentriert arbeiten?
- Wann arbeite ich besonders effizient und schnell?
- Wann bin ich müde oder abgelenkt?
- Wann kann ich mich nicht mehr konzentrieren?

Häufig fällt es uns schwer, unsere Gewohnheiten zu ändern und uns anzupassen. Wenn wir abends produktiver sind, wird es immer schwerfallen, morgens früh schon schwierige Aufgaben zu erfüllen. Daher ist es besonders wichtig, die eigenen Fähigkeiten und Gewohnheiten einzuschätzen, damit Sie Ihre Tagesplanung anpassen können. Hierfür eignet sich eine sogenannte Leistungskurve, in der wir festhalten können, wann unsere Produktivität und Leistung besonders hoch oder niedrig sind.

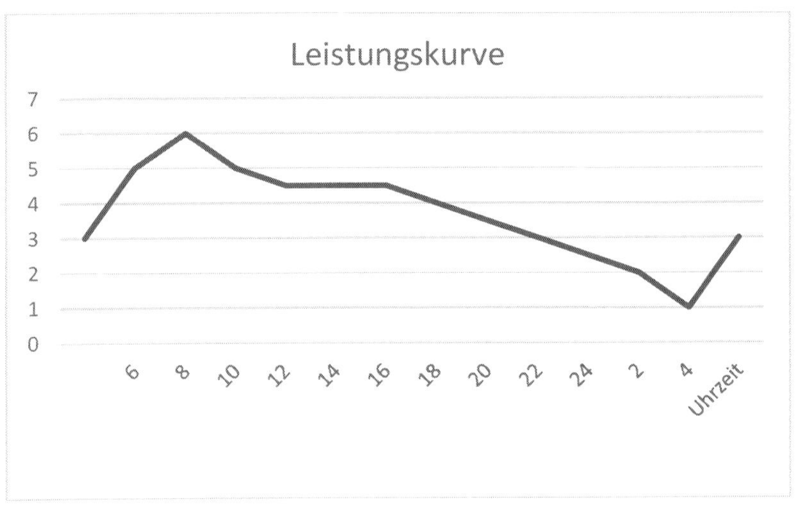

Hier sehen Sie ein Beispiel einer Leistungskurve eines Menschen, der besonders morgens und vormittags produktiv ist. Ermitteln Sie Ihre eigene Leistungskurve, um Ihre Produktivität einschätzen zu können.

Tagesplanung mit Leistungs- und Störkurve

Richten Sie Ihre Tagesplanung nach Ihrer Leistungs- und Störkurve aus, um Ihre individuellen Bedürfnisse zu beachten. Wenn Sie eine besonders wichtige Aufgabe erfüllen müssen, dann legen Sie diese an einen Tageszeitpunkt, an dem Sie leistungsfähig sind und mit wenigen Störungen zu rechnen haben. Weniger anspruchsvolle Aufgaben können Sie auch zu Zeiten erledigen, in denen Sie gestört werden könnten oder in denen Ihre Konzentration gesunken ist. Achten Sie bei Ihrer Planung auf Ihre eigenen Stärken und Schwächen; so können Sie Ihren Tag besonders effizient gestalten und ersparen sich unkonzentrierte Momente und Störfaktoren während wichtiger Tätigkeiten.

SO ERSTELLEN SIE IHREN TAGESPLAN

Einen festen Plan für den Tag zu haben, ist die beste Strategie, seine Ziele auch tatsächlich zu erreichen. Häufig denken wir, dass das Planen uns nicht weiterbringt – es kostet doch nur noch mehr Zeit, wieso denn nicht gleich mit den Aufgaben anfangen? Viele Menschen sind sehr tätigkeitsorientiert und stürzen sich lieber gleich in die Arbeit. Das große Problem hierbei ist, dass die Zeiteinschätzung so leider meistens nicht funktioniert. Wenn wir unsere Aufgaben ohne Planung erledigen, beschäftigen wir uns häufig zuerst mit unwichtigeren Teilen, ignorieren wichtige Aufgaben, um dringende zu erledigen und schaffen uns selbst letztendlich nur umso mehr Zeitdruck.

Aus diesen Gründen ist ein geplanter Tagesablauf von großer Bedeutung. Er hilft uns, effizient zu arbeiten und daher auch Zeit für Ungeplantes oder Störungen zu gewinnen. Je umfassender eine Aufgabe oder Tätigkeit ist, desto mehr Zeit sollten Sie mit Planen verbringen, denn je besser Ihre Planung ist, desto einfacher wird Ihnen die Aufgabe dann fallen.

Aber worauf müssen Sie achten, wenn Sie einen Tagesplan erstellen?

Halten Sie Ihren Tagesplan schriftlich fest

Jeder Mensch bevorzugt andere Methoden des Planens: Kalender, To-do-Listen, Notizzettel oder auch Notizen auf dem Handy – hier ist alles möglich und auch alles erlaubt. Wichtig ist nur, dass Sie Ihre Pläne aufschreiben. So können Sie Ihre Gedanken schnell und einfach ordnen und stehen nicht in der Gefahr, etwas zu vergessen. Außerdem geben Sie sich selbst so ein schriftliches Versprechen: Ich habe es aufgeschrieben, also sollte ich es jetzt auch tatsächlich erledigen. Bei Fehlern und Problemen fällt es zudem leichter, die eigenen Handlungen zu reflektieren und Zukunftspläne zu schmieden, wenn Sie Ihren Tagesplan noch hinterlegt haben. So haben Sie immer die Möglichkeit, Ihre Arbeitsweisen zu optimieren.

In Kapitel 3.5 zeigen wir Ihnen die verschiedensten Möglichkeiten auf, Ihren Tagesplan festzuhalten und liefern Ihnen Vor- und Nachteile der verschiedenen Methoden. Falls Sie sich also unsicher sind, wie Sie Ihren Tagesplan am besten verschriftlichen, dann probieren Sie die verschiedenen Methoden einfach mal aus! Es ist für jeden etwas dabei!

Ermitteln Sie Ihren Zeitbedarf

Verplanen Sie auf keinen Fall jede freie Minute Ihres Tages – wie wollen Sie denn dann mit unvorhersehbaren Faktoren und spontanen Ideen umgehen? Grundsätzlich ergibt es Sinn, ungefähr 60 bis 70 % Ihrer verfügbaren Zeit für Ihre festgelegten Aufgaben zu verbrauchen. Die restlichen 30 bis 40 % bleiben Ihnen nun, um sich mit unerwarteten Situationen, Störungen oder Problemen zu befassen. So stehen Sie auch nicht unter Zeitdruck, falls eine Ihrer Aktivitäten mehr Zeit in Anspruch nimmt, als Sie ursprünglich eingeplant hatten. Wenn hingegen mehr Zeit übrigbleibt als geplant, können Sie diese noch für weitere Aufgaben oder zur Entspannung nutzen.

Legen Sie los!

Im Groben wissen Sie doch schon, was am nächsten Tag erledigt werden muss. Sie haben schon darüber nachgedacht, was Sie im Haushalt erledigen müssen, welche Aufgaben Sie auf der Arbeit erfüllen müssen, ob etwas mit Familie oder Freunden geplant ist und wie viel Zeit Sie für sich selbst brauchen werden. Nehmen Sie sich also Ihre liebste Planungsstrategie zur Hand und schreiben Ihren Tagesplan nieder!

Häufig schieben wir das Planen lange vor uns hin, es nimmt allerdings meistens sehr viel weniger Zeit in Anspruch, als erwartet. Überlegen Sie, was Sie alles erledigen müssen und versuchen Sie, Ihre Aufgaben nach Priorität zu ordnen. Planen Sie die wichtigste Aufgabe nach Möglichkeit zuerst ein und beschäftigen Sie sich erst später mit möglichen Zeitfressern wie Small Talk.

Bemühen Sie sich, Ihren Plan für den nächsten Tag immer schon am Abend vorher zu verfassen. Überprüfen Sie dabei Ihren alten Tagesplan: Gibt es irgendwelche Aufgaben, die Sie vielleicht noch nicht erledigt haben und daher in die Planung für den nächsten Tag übernehmen sollten? Versuchen Sie, aus Ihrem alten Tagesplan zu lernen! Haben manche Strategien nicht so funktioniert, wie Sie es gern hätten? Es gibt immer Möglichkeiten, die eigene Planung zu verbessern, und dies fällt am leichtesten, wenn man aus den Fehlern des Vortages lernt.

Natürlich sollten Sie für die größeren und wichtigeren Aufgaben einen ungefähren Zeitrahmen festlegen; wenn dieser vorbei ist und Sie nicht fertig geworden sind, entscheiden Sie, ob Sie der Aufgabe mehr Zeit widmen oder Sie auf einen späteren Zeitpunkt verschieben möchten. Zugleich ist es aber wichtig, dass Sie auch viele kleinere Aufgaben auf Ihrem Tagesplan festhalten, die Sie zwischendurch erledigen können. Diese müssen nicht mit einem Zeitrahmen oder einem festen Zeitpunkt versehen sein, sondern können erledigt werden, wenn sich gerade eine Lücke im Zeitplan ergibt.

Die ALPEN-Methode

In diesem Abschnitt möchten wir Ihnen zuletzt noch eine Methode mit auf den Weg geben, die eine großartige Unterstützung bei Ihrer Tagesplanung bildet. Die sogenannte ALPEN-Methode besteht aus fünf Teilen:

- **A** **A**ufgaben und Tätigkeiten zusammenstellen
- **L** **L**änge der Aufgaben/Tätigkeiten festlegen
- **P** **P**ufferzeit einplanen
- **E** **E**ntscheidungen fällen
- **N** **N**achkontrolle

Die ALPEN-Methode bietet einen Schritt-für-Schritt-Plan, der die Erstellung eines Tagesplans sehr vereinfacht. Durch diese Methode können Sie Ihre Aufgaben strukturierter planen und Ihre Arbeit sinnvoll organisieren.

<u>Die fünf Schritte der ALPEN-Methode</u>

- **A:** Schreiben Sie sich alle Aufgaben, Tätigkeiten und Termine auf, die für den nächsten Tag vorgesehen sind.
- **L:** Überlegen Sie, welcher Zeitpunkt für die jeweilige Tätigkeit reserviert werden sollte und wie viel Zeit Sie einplanen sollten. Blockieren Sie entsprechend viel Zeit in Ihrem Tagesplan.
- **P:** Wie schon gesagt: Planen Sie Ihren Tag nicht von oben bis unten durch. Lassen Sie ungefähr 40 % als Pufferzeit frei, die Sie für unvorhergesehene Tätigkeiten nutzen können.
- **E:** Nun ist es an der Zeit, Prioritäten zu setzen und die Aufgaben nach Wichtigkeit und Dringlichkeit zu überprüfen. Ist die in L festgelegte Reihenfolge sinnvoll oder muss etwas geändert werden?
- **N:** Kontrollieren Sie, ob Ihr Zeitplan umsetzbar ist. Werfen Sie außerdem einen Blick auf den Erfolg des Vortages: Haben Sie sich zu viel oder zu wenig vorgenommen? Lernen Sie aus Ihren Schwierigkeiten.

DIE WOCHENPLANUNG

Für einen organisierten und geordneten Tagesablauf ist nicht nur ein Tagesplan, sondern auch ein Wochenplan ein wichtiger Faktor. Dabei müssen Sie nicht so kleinschrittig und genau vorgehen wie bei der Tagesplanung, aber ein grober Wochenüberblick macht es Ihnen einfacher, Ihre Ziele zu erreichen. In der Wochenplanung liegt schließlich das Fundament für Ihre Tagesplanung.

Überlegen Sie für Ihre Wochenplanung immer zuerst, was die wichtigsten Aufgaben und Ziele der nächsten Woche sind. Dabei ergibt es Sinn, die Tätigkeiten wieder nach dem Eisenhower-Prinzip zu ordnen, um festzustellen, welche Aufgaben besonders wichtig oder dringend sind. Verplanen Sie über die Woche verteilt Ihre wichtigsten Prioritäten. Nehmen Sie sich dabei nicht zu viel vor – auch für die unwichtigeren Aufgaben und für Entspannung muss noch Zeit übrigbleiben. Füllen Sie den Rest Ihres Planes mit ebendiesen kleineren Aufgaben aus.

Haben Sie keine Sorge, falls mal nicht alles in Ihren Plan passt, was Sie sich vorgenommen hatten. Vielleicht erfüllen Sie eine Ihrer anderen Tätigkeiten schneller als gedacht und können sie so doch noch in den Plan integrieren. Und falls nicht: Es gibt auch immer andere Wochen.

Nehmen Sie sich bei Ihrer Wochenplanung immer die Pläne der letzten Woche und Tage dazu. Welche Aufgaben müssen Sie übernehmen, welche können Sie streichen? Haben Sie Ihren Plan gut nach A-, B-, C- und D-Aufgaben eingeteilt oder sollten Sie einem Bereich mehr oder weniger Zeit geben? Arbeiten Sie genug auf Ihre größeren Ziele hin und erfüllen all Ihre Deadlines? Falls Sie an einer Stelle Probleme finden, überdenken Sie Ihr Zeitmanagement und Ihre Methoden – vielleicht wollen Sie einmal eine neue Technik ausprobieren, um Ihre Zeit besser einzuteilen.

VERSCHIEDENE PLANUNGSMETHODEN IM ÜBERBLICK

Einen für jeden Menschen perfekten Tagesplan gibt es nicht. Manche bevorzugen Ihre Termine kurz und knapp, manche schreiben sich gern mehr Informationen dazu. Manche Personen schreiben Ihre Pläne mit Stift und Papier, andere bevorzugen verschiedene Online-Funktionen. Und wie finden Sie nun heraus, welche Methode der Planung Sie bevorzugen? Ganz einfach: ausprobieren! In diesem Abschnitt stellen wir Ihnen verschiedene Planungssysteme vor, sodass Sie hinterher Ihre Favoriten auswählen und kombinieren können.

Der Kalender

Unverzichtbar für jeden Haushalt ist ein einfacher Kalender. Dabei kann es sich um einen Taschenkalender, einen Wandkalender oder einen Tischkalender handeln – hier hat man die wichtigsten Termine im Überblick. Kalender sind besonders für die Wochen- und Monatsplanung nützlich: Sie sehen auf einen Blick all Ihre Ziele und Termine für die jeweilige Zeitspanne.

Der Nachteil von solch einfachen Kalendern ist offensichtlich: Pro Tag ist nur wenig Platz, um alle wichtigen Termine und Pläne festzuhalten. Für eine feste Aufgabenliste ist der Kalender daher weniger geeignet. Hauptsächlich ist der Kalender eine sinnvolle Ergänzung zu weiteren Planungsmöglichkeiten. So können Sie die groben Terminpläne für die nächsten Wochen und Monate schon einmal festhalten und diese dann später verfeinern.

Checklisten

Das wichtigste Hilfsmittel für jeden guten Zeitmanager sind Checklisten bzw. To-do-Listen. Diese eignen sich besonders gut für die genauere Tagesplanung. Sie können Ihre Aufgaben nach Priorität ordnen und nach Erfüllung abhaken. Aber auch für die Monats- und Jahresplanung sind Checklisten ein nützliches Tool: Sie haben die Möglichkeit, Ihre Ziele weitläufig festzuhalten und immer griffbereit zu haben.

Versuchen Sie, Ihre Checkliste nach der ALPEN-Methode zu verfassen. So haben Sie Ihre Ziele sofort sinnvoll geordnet und Ihren Zeitanspruch eingeschätzt. Hierbei können Sie selbst entscheiden, wie kleinschrittig Sie Ihre Aufgaben festhalten.

Checklisten können Sie im Prinzip überall dort einsetzen, wo Sie Schritt-für-Schritt auf ein Ziel hinarbeiten. Dies kann die Planung eines Projektes oder einer Feier sein, die Vorbereitung auf ein Vorstellungsgespräch oder auch die Urlaubsplanung.

Beispiel: Checkliste für eine Geburtstagsparty im Mai

Aufgabe	Termin	Erledigt
Gästeliste verfassen	Bis 30. November	✓
Veranstaltungsort buchen	Bis 20. Dezember	✓
Einladungen verschicken	Bis 15. Februar	✓
Catering buchen	Bis 01. März	✓
DJ buchen	Bis 31. März	
Dekoration organisieren	Bis 20. April	
...	...	

Die Gestaltung Ihrer Checkliste kommt immer auf das geplante Event an. Vielleicht brauchen Sie nur Spalten für die Aufgabe selbst und den Termin, vielleicht wollen Sie aber auch noch den Ort und Helfer eintragen. Manchmal reicht eine grobe Zeitangabe, manchmal ist ein genauer Zeitplan mit Uhrzeiten sinnvoller.

Planer

Einfache Planer lassen sich in jedem Schreibwarengeschäft und selbst in Supermärkten für nur wenig Geld erstehen. Die Art des Planers können Sie hier ebenfalls selbst wählen. Ob Blankopapier, vorgefertigte To-do-Listen, Tagespläne, Kalender oder Wochenplanung: Suchen Sie nach Tools, die Sie bei Ihrer Planung besonders unterstützen.

Einen zusätzlichen Vorteil bieten Ihnen professionelle Zeitplanbücher. Für diese muss man zwar etwas tiefer in die Tasche greifen, aber es lohnt sich: Hier finden Sie alles von Checklisten, Kalendern, Jahres- und Monatsübersichten und Platz für Notizen über Informationen zu Feiertagen etc. An die Handhabung eines solchen Planers muss man sich natürlich aber auch erst einmal gewöhnen.

Mobiltelefone

In den letzten Jahren wurden die Planungsmethoden von Mobiltelefonen immer wieder verbessert und bieten nun zahlreiche Funktionen, die Ihnen eine einfache Organisation Ihres Lebens ermöglichen. Das Telefonbuch bietet die Möglichkeit, alle wichtigen Adressen und Telefonnummern immer direkt auf Abruf zu haben und im mobilen Kalender können Sie Termine inklusive wichtiger Zusatzinformationen festhalten.

Eine gute Kalender-App bietet Ihnen die Möglichkeit, Termine mit unterschiedlichen Farben zu markieren, um Ihnen Priorität und Lebensbereich der jeweiligen Tätigkeit zu signalisieren. Zudem können Sie Ihrem Termin verschiedene Orte oder Personen, die beteiligt sein werden, hinzufügen. Wenn Sie die Erinnerungsfunktion aktivieren, erhalten Sie zudem an einem Zeitpunkt Ihrer Wahl eine Nachricht, die Sie an Ihre Aufgaben erinnert.

Besonders nützlich ist hier auch die Synchronisationsfunktion. Viele mobile Kalendersysteme lassen sich mit elektrischen Geräten wie Laptops oder Tablets verbinden. Ihre Termine können dabei in Ihrer Cloud gespeichert werden, sodass Sie selbst bei Verlust Ihres Mobiltelefons noch problemlos auf Ihren Kalender zugreifen können.

Mobilgeräte bieten Ihnen außerdem über die Notizen-App die Möglichkeit, endlose To-do-Listen und Notizen zu erstellen, farblich zu markieren und zu sortieren. Häufig kann man hier sogar nützliche Bilder, Videos oder Links einfügen, die für die Tätigkeit von Bedeutung sind.

Mobiltelefone sind heutzutage schon fast Alleskönner. Zusätzlich zu Ihrem Kalender und Ihren Notizen können Sie hier auch auf Ihre E-Mails und Microsoft Office-Dokumente zugreifen, sodass Ihnen jegliche wichtigen Informationen jederzeit zur Verfügung stehen.

Mobile und papiergebundene Planungsmethoden im Vergleich

Auch, wenn das Mobiltelefon heutzutage viele gute Planungstechniken liefert, birgt es seine Nachteile im Vergleich zu einem normalen Papierplaner. Hier stellen wir Ihnen Vor- und Nachteile beider Organisationsmöglichkeiten vor, um Ihnen die Auswahl des für Sie perfekten Planers zu vereinfachen.

	Mobile Optionen	Papier-Planer
Vorteile	Viele verschiedene Funktionen in einem Medium	Vertraute Methode, einfach zu verwenden
	Einfache Korrekturmöglichkeit: Sie können jederzeit Daten ändern oder löschen.	Der eigenen Kreativität sind keine Grenzen gesetzt: Skizzen oder Diagramme sind jederzeit möglich
	Daten sind jederzeit in der Cloud gesichert und können auch bei Verlust des Mobilgerätes aufgerufen werden	Übersichtlich: Sie können Termine und Daten nach Ihren eigenen Methoden anordnen.
	Automatische Erinnerungen an Termine möglich	
Nachteile	Teilweise unübersichtlich, Funktionen der Systeme müssen erst kennengelernt und ausprobiert werden	Häufige Änderung der Notizen ist schwierig
	Wenig kreative Optionen, vorgegebene Struktur der Funktionen	Verlust des Planers führt zu vollständigem Datenverlust

	Benötigen aufgeladenen Akku/ Batterien	Häufig sind mehrere Medien notwendig: Kalender, Planer, Listen
	Datenzugriff bei Softwarefehlern oder Beschädigung des Gerätes nicht möglich	Papier-Planer nehmen mehr Platz weg; ständige Mitnahme ist anstrengend

Grundsätzlich gilt:

Nehmen Sie sich Zeit, um ein System zu finden, das Ihnen wirklich weiterhilft und die Planung einfacher macht. Wenn Sie seit Jahren mit dem Mobiltelefon planen, aber mit den Funktionen und Techniken nicht zufrieden sind, dann sollten Sie etwas Neues versuchen. Probieren Sie verschiedene Methoden aus und entscheiden Sie sich für eine Technik, die Ihnen leichtfällt und Ihre Tagesplanung für Sie übersichtlich gestaltet.

Falls Ihnen keine Planungsoption wirklich zusagt, müssen Sie dennoch nicht verzweifeln: Nehmen Sie sich Zeit und gestalten Sie Ihre eigene! Überlegen Sie, was Ihnen wichtig ist: To-do-Listen, Jahreskalender, Wochenplaner, Geburtstagslisten etc. Nehmen Sie sich etwas Zeit, um diese Listen zu erstellen und in eine Mappe oder ein Buch zu heften. Auch im Internet gibt es zahlreiche vorgefertigte Templates, bei denen für Sie etwas dabei sein könnte. Ihre eigenen Listen und Tabellen können Sie ganz einfach mit verschiedenen Microsoft Office-Programmen oder natürlich handschriftlich erstellen.

Zeitmanagement im Beruf

Eine der größten Schwierigkeiten bei einem guten Zeitmanagement ist, es auf alle Bereiche des Lebens anzuwenden. Leider reicht es nicht, die eigene Freizeit sinnvoll zu gestalten, denn insbesondere im Beruf ist eine gute Zeiteinteilung von großer Bedeutung. Der erste Schritt zu einem guten Zeitmanagement im Beruf ist, wie auch in anderen Lebensbereichen, die Setzung von Prioritäten. Sortieren Sie Ihre Aufgaben: Was ist besonders wichtig? Was ist besonders dringend? Dabei können Ihnen die ABC-Methode und das Eisenhower Prinzip, die wir in Kapitel 3 erläutern, behilflich sein. Stellen Sie für Ihr Berufsleben einen Tagesplan auf. Dieser kann in Ihren normalen Tagesplan integriert oder auch separat sein, aber überlegen Sie sich auf jeden Fall, was Sie an jedem Tag erledigen wollen. Einfach loszuarbeiten erscheint uns manchmal einfacher – so sind wir direkt im Geschehen und wir kommen voran, oder? Das schon, aber ohne Planung priorisieren wir schnell die unwichtigen Aufgaben und teilen uns die Zeit falsch ein. Der erste Schritt zu einem guten Zeitmanagement im Beruf ist also auch hier eine gute Tages- und Wochenplanung.

Zeitsparendes Arbeiten hängt aber auch von einer Reihe anderer Faktoren ab. Auch mit einem guten Tagesplan und einer sinnvollen Prioritätensetzung ist es möglich, dass Sie in manchen Aufgabenbereichen unnötig Zeit verbrauchen. In diesem Kapitel erklären wir Ihnen den effizienten Umgang mit einigen Aufgaben, die wir im Beruf häufig zu erfüllen haben. Auf den nächsten Seiten lernen Sie, wie ein gut geordneter Schreibtisch Ihr Arbeitsverhalten verbessern kann, wie Sie beim Telefonieren und in Besprechungen Zeit sparen können und wie Sie Ordnung in Ihr E-Mail-Fach bringen können. Außerdem erklären wir Ihnen, wie Sie die Kunst des Delegierens meistern können.

EFFIZIENT TELEFONIEREN

Telefonate gehören für viele Menschen zum Berufsalltag dazu. Ob Kundengespräche oder Besprechungen, vieles findet heute per Telefon oder sogar per Videoanruf statt. Diese Telefonate kosten uns im Beruf allerdings häufig mehr Zeit, als wir eigentlich eingeplant hatten. Manchmal scheint unser Gesprächspartner unseren Zeitdruck nicht zu verstehen oder hat mehr Fragen als gedacht, manchmal sind wir nicht gut genug auf das Gespräch vorbereitet und müssen simultan recherchieren – und manchmal schaffen wir es dank technischer Probleme oder Anrufbeantwortern nicht einmal, die gewünschte Person zu kontaktieren. Daher ist ein effizienter Umgang mit Telefongesprächen besonders wichtig für ein gutes Zeitmanagement im Beruf. Hier einige Tipps zum zeitsparenden Telefonieren:

Machen Sie sich mit den Funktionen Ihres Telefons vertraut!

Den Anrufbeantworter abhören, einen Anruf weiterleiten, Wahlwiederholung – all das sind Dinge, die Sie so schnell wie möglich beherrschen sollten. Wenn Sie nicht während eines Telefonats recherchieren müssen, wie Sie einen Anruf umleiten, stehen Sie nicht unter vermeidbarem Zeitdruck und auch Ihrem Gesprächspartner werden unnötige Wartezeiten erspart.

Finden Sie Ihr Zubehör!

Besonders, wenn Sie im Beruf viel telefonieren müssen, stört es schnell, wenn der Hörer in der Hand Sie dauernd von anderen Aufgaben abhält. Überlegen Sie daher, welches Zubehör für regelmäßige Telefongespräche Ihnen weiterhelfen könnten: Ein Headset ermöglicht es Ihnen zum Beispiel, beim Telefonieren die Hände freizuhaben, bei einer Einrichtung mit Zweithörer kann Ihr Kollege am Gespräch teilnehmen usw. Auch das Internet bietet heutzutage viele nützliche Gadgets fürs Telefonieren. Machen Sie sich daher auf die Suche nach Hilfsmitteln, die Ihre Telefonate angenehmer machen!

Bereiten Sie sich auf Telefonate vor!

Am meisten Zeit kosten uns Telefonate, bei denen wir immer wieder überlegen müssen, wie wir das Gespräch fortsetzen wollen oder bei denen wir unnötige Pausen einlegen müssen. Überlegen Sie sich daher vorher gut, wie das Telefonat verlaufen soll. Wir haben für Sie eine Checkliste vorbereitet, anhand derer Sie sich auf ein Telefongespräch vorbereiten können.

- Mit wem telefonieren Sie? Wie müssen Sie diese Person anreden, welches Sprachregister ist angebracht?
- Was ist das Ziel des Telefonats? Was müssen Sie tun, um dieses Ziel zu erreichen?
- Wann soll das Telefonat stattfinden? Haben Sie einen Termin vereinbart? Hat Ihr Gesprächspartner feste Sprechzeiten?
- Welche Unterlagen benötigen Sie für das Telefonat? Sind die benötigten Dokumente geordnet und in Reichweite des Telefons?
- Welche Argumente, Kompromisse, Alternativen o. ä. müssen Sie für das Gespräch parat haben?

Gehen Sie vor Telefonaten die Checkliste durch und überlegen Sie, ob Sie auf jeden Punkt eine Antwort haben. So meiden Sie unnötige Pausen, in denen das Gespräch zum Stillstand kommt oder in denen Sie plötzlich wichtige Dokumente suchen müssen.

Haben Sie außerdem immer Schreibutensilien parat, sodass Sie jederzeit Notizen machen können. Für Terminvereinbarungen sollte auch immer Ihr Planer oder Kalender griffbereit liegen. Außerdem ist es von Nutzen, ein Telefonbuch in Reichweite zu haben, damit Sie –falls nötig – Nummern weitergeben können.

Lassen Sie sich nicht ablenken!

Störungen sind gerade im Beruf ein großes Problem. Informieren Sie daher schon vorher Ihre Kollegen, wenn Sie ein wichtiges Telefongespräch haben, sodass Sie nicht gestört werden. Falls Sie in Ihrem Beruf häufig telefonieren, ist es natürlich schwierig, die Kollegen jedes Mal in Kenntnis zu setzen. Machen Sie daher ein Zeichen aus: Sagen Sie Ihren Kollegen zum Beispiel, dass Sie nicht gestört werden wollen, wenn Ihre Bürotür geschlossen ist.

Während des Gesprächs

Mit den vorherigen Punkten sind Sie hervorragend auf Telefongespräche vorbereitet. Aber worauf sollten Sie während des Gesprächs achten?

- Nennen Sie am Telefon den Namen Ihrer Firma, Ihren eigenen Vor- und Nachnamen, dann begrüßen Sie Ihren Gesprächspartner.
- Sagen Sie Ihrem Gegenüber kurz, worum es geht. Es kann immer sein, dass Sie die falsche Person am Apparat haben oder Ihr Gesprächspartner gerade keine Zeit für Ihren Anruf hat. Wenn Sie Ihrem Ansprechpartner minutenlang ein Problem schildern, mit dem er nicht umgehen kann, verschwenden Sie unnötige Zeit. Sparen Sie kostbare Zeit, indem Sie direkt auf den Grund für Ihren Anruf eingehen.
- Kurze Notizen während des Gesprächs ersparen Ihnen unangenehme Nachfragen. Schreiben Sie wichtige Ergebnisse, Daten und Termine daher umgehend auf.
- Fassen Sie sich kurz und kommen Sie schnell zur Sache. Häufig beginnt ein Telefongespräch mit Floskeln oder Smalltalk. Dieser Einstieg ist aber meistens nicht nötig. Bemühen Sie sich, das Gespräch auf den Punkt zu bringen. Lassen Sie dabei vom Gegenüber keine Abschweifungen zu. Wenn Sie das Gespräch für beendet halten, machen Sie das Ihrem Gesprächspartner deutlich.
- Stellen Sie Fragen. Um Ihre eigenen Probleme zu bewältigen oder die des Gegenübers zu verstehen, ist ein Anrufbeginn mit Fragen empfehlenswert. „Wie kann ich Ihnen helfen?“ oder „Was kann ich gegen … tun?“ vermittelt schnell Ihr Anliegen für das Gespräch. Stellen Sie später geschlossene Fragen, um das Gespräch kurzzuhalten: „Wollen Sie das Meeting lieber Montag oder Mittwoch abhalten?“

Sagen Sie Nein!

Manchmal passt ein Telefonat nicht in unseren Zeitplan. Zum Glück gibt es einige Wege, um einen unerwünschten Anruf loszuwerden:

Sagen Sie Ihrem Kollegen, dass Sie gerade keine Zeit für Anrufe haben und leiten Sie Ihre Telefonate um. Ein „Sie ist gerade leider nicht erreichbar. Sie können aber gern ab 17 Uhr noch einmal anrufen. Oder soll ich lieber etwas ausrichten?“ wirkt Wunder. Auch Sie selbst dürfen am Telefon Leute zurückweisen. Sagen Sie deutlich, dass Sie keine Zeit für ein Gespräch haben – zeigen Sie Ihrem Anrufer dann aber auch Alternativen auf.

Lernen Sie ebenso, auch einmal nein zu sagen. Wenn ein Gespräch kein Ende zu nehmen scheint, dann machen Sie Ihrem Gesprächspartner deutlich, dass Ihnen leider gerade die Zeit zur Fortsetzung des Gespräches fehlt. Überlegen Sie hierbei, wie Sie die Situation weiterführen wollen und achten Sie auf Ihre Wortwahl. Wenn Sie Ihrem Gesprächspartner die Möglichkeit eröffnen, Sie später zurückzurufen, müssen Sie auch mit einem weiteren Gespräch rechnen.

Wie Sie Ihrem Gegenüber nein sagen und sich durchsetzen, ohne andere zu verletzen, zeigen wir Ihnen in Kapitel 2.3: „Erfolgreich Nein sagen“.

ORDNUNG SCHAFFEN AM ARBEITSPLATZ

Gehen Sie in sich und überlegen Sie: Wie viel Zeit haben Sie in den letzten Tagen damit verbracht, etwas an Ihrem Arbeitsplatz zu suchen oder sich von einem Gegenstand, der (un)praktischerweise in Ihrer Nähe war, ablenken zu lassen? Sie merken: Für viele von uns ist ein ungeordneter Arbeitsplatz einer der größten Zeitfresser. Es kostet uns viel Zeit, wichtige Gegenstände und Dokumente wiederzufinden und leider ist die Ablenkungsgefahr hier groß. Genau deswegen ist ein aufgeräumter Schreibtisch und ein gutes Ordnungssystem für Dokumente und Gegenstände ein wichtiger Schritt zum besseren Zeitmanagement. Hier einige Tipps und Tricks zu einer guten Schreibtischgestaltung:

Überlegen Sie, was Sie wirklich brauchen

Alle Dinge, die Sie für Ihre Tätigkeiten im Beruf nicht brauchen, haben auf Ihrem Schreibtisch nichts verloren. Familienfotos sind hier die Ausnahme zur Regel, aber alle Gegenstände, mit denen Sie spielen oder sich ablenken können, haben am Arbeitsplatz nichts zu suchen. Lassen Sie persönliche Gegenstände nach Möglichkeit in Ihrer Tasche oder auch zu Hause.

Nicht umsortieren, sondern wegsortieren

Auf unseren Schreibtischen befinden sich zahlreiche Papiere, Mappen, Listen, Ordner, Heftzwecken und viele andere Gegenstände, die uns oft im Weg zu sein scheinen. Wenn wir den Platz brauchen, stellen wir sie also zur Seite oder auf den Boden – und schon stehen sie an einer anderen Stelle, an der sie wenige Zeit später im Weg sind.

Stellen Sie daher sicher, dass Sie wichtige Dokumente und Gegenstände, die Sie für Ihre Aufgaben zurzeit nicht brauchen, an eine sinnvolle Stelle räumen. Für Dokumente sollten Sie nach Themen sortierte Ordner haben und nach Möglichkeit ein Regal, in dem Sie diese platzieren können. Ungenutzte Gegenstände wie Heftklammern, Schnellhefter, Tacker usw. finden ebenfalls am besten in Ihrem Schrank oder in Schreibtischfächern einen Platz, wo sie nicht zum Störfaktor werden können.

Wenn alle unnützen und weniger wichtigen Gegenstände weggeräumt worden sind, sieht Ihr Schreibtisch gleich viel geordneter aus und bietet weniger Möglichkeiten für Störungen und Ablenkung.

Alle Dokumente, die Sie nicht mehr benötigen, gehören schnellstmöglich in den Müll. Schmeißen Sie unwichtige Papiere sofort weg. So verlieren Sie sich nicht in einem Papierstapel. Sie sind sich nicht sicher, ob Sie ein Dokument noch einmal benötigen werden? Fragen Sie sich: Welche Probleme kann es geben, wenn Sie das Papier nicht aufbewahren? Falls das Dokument danach immer noch unwichtig erscheint, gehört es in den Müll, sonst wird es in einen der Ordner sortiert.

Ein System entwickeln

Überlegen Sie sich, was auf Ihrem Schreibtisch auf jeden Fall Platz haben sollte. Meistens gehört hierzu der Computer mit Zubehör, ein Telefon und etwas zu Schreiben sowie eine Ablage für wichtige Dokumente. Bemühen Sie sich, diese Ablage von vornherein zu sortieren. Verschiedene Fächer für verschiedene Aufgaben oder Prioritäten erleichtern Ihnen den Überblick. Außerdem sollten Sie Ihren Tagesplaner oder Kalender immer griffbereit haben. Hängen Sie, falls möglich, wichtige Dokumente, Daten und einen Kalender an die Wand vor oder neben Ihrem Schreibtisch. So sind diese im Blickfeld, aber nicht im Weg.

Gehen Sie jeden Morgen Ihre Dokumente durch:

- Werfen Sie zunächst alles weg, was nicht mehr gebraucht wird.
- Ordnen Sie die Dokumente dann nach Prioritäten mit Blick auf Ihren Tagesplan.
- Alles, was Sie nicht selbst bearbeiten müssen, wird delegiert. Reichen Sie die Dokumente daher sofort weiter.
- Arbeiten Sie sich nun durch Ihre Aufgaben und Dokumente, beginnend mit A-Priorität bis hin zu D-Priorität.
-

Kreativ sein und gestalten

Manche Arbeitsplätze bieten leider keine großen Ablageflächen oder Regale für zusätzliche Dokumente. Trotzdem muss Ihr Schreibtisch aber nicht mit ungebrauchten Gegenständen überquellen. Suchen Sie in Ihrem nächsten Ein-Euro-Shop nach Ablagesystemen oder durchforsten Sie das Internet: Viele platzsparende Mechanismen können Sie ganz schnell selbst zusammenbasteln.

Grundsätzlich gilt: Alles hat seinen Platz.

So finden Sie alle wichtigen Gegenstände und Dokumente schnell wieder und schaffen Ordnung. Und denken Sie daran: Seien Sie geizig beim

Aufheben. Viele Dinge gehören nicht an den Arbeitsplatz, sondern in die Freizeit – oder in den Papierkorb.

E-MAILS SCHREIBEN

E-Mails sind heutzutage eine der beliebtesten Kommunikationsformen im Beruf. Man übermittelt Nachrichten schnell und effizient, kann dabei noch Dokumente oder Bilder anhängen – was will man mehr? Aber ebenso wie papierbasierte Briefe sollte man auch seine E-Mails regelmäßig ausmisten, um den Überblick zu behalten und auch schnelle und verständliche E-Mails schreiben will gelernt sein. In diesem Kapitel verraten wir Ihnen, wie Sie Ordnung in Ihrem E-Mail-Fach schaffen und wie Ihnen das Schreiben der E-Mails schnell und einfach von der Hand geht.

Ordnung im E-Mail-Fach

E-Mails zu schicken geht schnell und ist simpel – das heißt aber leider auch, dass man jeden Tag unzählige Spam-E-Mails erhält oder unwichtige Informationen in E-Mail-Format zugesendet bekommt. Wenn man dann ein paar Tage nicht richtig aufpasst, hat man schnell unzählige ungeöffnete E-Mails im Fach – und welche davon sind jetzt wichtig?

Um Ordnung in Ihrem E-Mail-Fach zu schaffen, sollten Sie sich zuerst auch wirklich auf ein Fach beschränken. Viele Unternehmen vergeben eigene E-Mail-Adressen, die von Mitarbeitern genutzt werden sollen. Wenn Sie so eine E-Mail-Adresse besitzen, dann lassen Sie auch wirklich alles Geschäftliche über dieses Fach laufen. Grundsätzlich gilt, dass Sie eine E-Mail-Adresse für Berufliches und eine Adresse für Privates anlegen sollten. So werden Ihre privaten Bestellungen nicht mit wichtigen Dokumenten vermischt und Sie haben alles im Überblick.

Um wichtige Dokumente zu speichern und eine Ordnung in Ihr E-Mail-Fach zu bringen, sollten Sie unbedingt Ordner anlegen. Das geht bei den meisten E-Mail-Anbietern ganz einfach und die E-Mails zu verschieben nimmt nur wenige Sekunden in Anspruch. Sobald eine E-Mail nicht mehr Top-Priorität hat, können Sie diese also in den jeweiligen Ordner verschieben. Falls Sie eine E-Mail zum späteren Zeitpunkt brauchen, wissen Sie nun, wo diese zu finden ist. So können Sie zum Beispiel einen Ordner für jedes Ihrer Projekte oder jeden Ihrer Arbeitsbereiche anlegen und auch zahlreiche Unterordner für weitere Themen erstellen. Besonders wichtige E-Mails können Sie außerdem zu Favoriten hinzufügen, sodass sie jederzeit schnell abrufbar sind.

Bemühen Sie sich, Ihr E-Mail-Fach so leer wie möglich zu halten. Auch hier bietet sich eine Vorgehensweise nach dem Eisenhower-Prinzip an: E-Mails der Priorität A und B werden bearbeitet und dann verschoben. Übertragen Sie sofort alle wichtigen Daten in Ihren Planer oder Kalender und filtern Sie die wichtigen Informationen heraus, dann kann die E-Mail dem jeweiligen Ordner zugeordnet werden. Überlegen Sie, ob es Sinn für Sie ergibt, einen Ordner für E-Mails der Prioritäten A und einen weiteren für B-Aufgaben anzulegen, in die Sie unbearbeitete E-Mails mit hohen Prioritäten verschieben können. E-Mails der Priorität C enthalten meistens Informationen zu Aufgaben, die nach einmaligem Lesen sofort erfüllt werden oder in den Planer eingetragen werden können. Falls sich wichtige Informationen für später in der E-Mail befinden, schieben Sie diese ebenfalls in einen passenden Ordner, sonst löschen Sie sie. E-Mails der Priorität D, die weder dringende noch wichtige Informationen enthalten, gehören ebenfalls in den Papierkorb.

Das Überprüfen Ihres E-Mail-Faches sollte eine der Routineaufgaben sein, die Sie morgens in einer kurzen Pause von wichtigen Aufgaben erledigen. Kontrollieren Sie dabei immer das Spam-Fach, da eine wichtige E-Mail auch abhandenkommen kann. Halten Sie sich beim Lesen Ihrer E-Mails nicht mit Werbung oder Privatem auf, sondern konzentrieren Sie sich nur auf für Ihren Beruf relevante Mitteilungen.

E-Mails effizient schreiben

Die meisten E-Mail-Programme bieten uns nützliche Werkzeuge, mit denen das Schreiben von E-Mails sehr vereinfacht werden kann. Hier finden Sie einige Tipps und Tricks, mit denen Ihnen das E-Mail-Schreiben leichter fallen kann. Recherchieren Sie aber immer auch einmal im Internet und erforschen Sie das von Ihnen genutzte E-Mail-Programm: Vielleicht finden Sie eine Funktion, die Ihnen besonders weiterhelfen kann.

Die Signatur-Funktion:

Überlegen Sie zuerst, welche Signatur Ihre E-Mail beenden sollte. Mit der Signatur-Funktion können Sie ganz einfach Ihre Adresse, Telefonnummer oder ähnliches unter die E-Mail setzen, sodass Kunden oder E-Mail-Korrespondenten Sie gut erreichen können. Sie haben auch die Möglichkeit, mehrere Signaturen zu erstellen. So können Sie individuell entscheiden, wem Sie welche Informationen zukommen lassen wollen.

Eine selten benutzte, aber sehr praktische Möglichkeit ist, Signaturen als Dokumentvorlagen anzulegen. Speichern Sie häufig benutzte Dokumente wie Einladungen, Rechnungen etc. in Ihrer Rohform. Wenn Sie das gewünschte Dokument nun abschicken wollen, müssen Sie nur noch die individuellen Daten in die Signatur einfüllen, statt das vollständige Dokument neu zu verfassen.

Weitere Tipps für das Verfassen von E-Mails

- Fragen Sie beim Verfasser nach, bevor Sie E-Mails weiterleiten.
- Falls Sie auf eine E-Mail antworten, kontrollieren Sie den Adressaten – nicht, dass Sie einer ganzen Gruppe von Empfängern eine E-Mail zusenden, wenn Sie eigentlich nur dem Verfasser der E-Mail antworten wollten.
- Fügen Sie den Adressaten der E-Mail nach Möglichkeit immer erst zum Schluss ein – so schicken Sie die E-Mail nicht aus Versehen zu früh los.
- Füllen Sie immer die Betreffzeile aus. Fassen Sie sich dabei kurz und bringen Sie das Thema der E-Mail auf den Punkt.
- Schreiben Sie die E-Mail im formellen Stil und bleiben Sie dabei deutlich. Halten Sie sich nicht mit unnötigen Floskeln auf – eine Begrüßung und ein „Mit freundlichen Grüßen“ am Ende reichen völlig aus.

• Überlegen Sie, ob eine E-Mail eine Antwort erfordert. Vermeiden Sie nach Möglichkeit überflüssige Antwortmails, insbesondere, wenn diese keine wichtigen Informationen enthalten.
• Achten Sie bei Anhängen auf Standardformate wie PDF und Microsoft-Office-Dateien. Unübliche Dateiformate kann der Empfänger je nach Gerät nicht öffnen.
• Falls Sie Ihr Mail-Fach für einen bestimmten Zeitraum nicht kontrollieren werden, stellen Sie eine Abwesenheitsmeldung ein. So wissen Kollegen und Kunden, dass Sie zurzeit per Mail nicht erreichbar sind.

MEETINGS UND BESPRECHUNGEN

„Warum dauert das Meeting so lange?" – „Einige Punkte sind immer noch klar."

Sie sehen schon, in diesem Witz steckt zumindest ein Körnchen Wahrheit. Zu oft verlassen wir Besprechungen mit mehr Fragen als zuvor. Das kann eine Reihe von Gründen haben und nicht alle hängen von uns selbst ab. Aber dennoch gibt es Tipps und Tricks, mit denen man in Besprechungen Zeit sparen und effizient mitwirken kann.

Einer der wichtigsten Faktoren für ein gutes Meeting ist – wie bei vielen anderen Dingen im Leben – eine gute Planung. Daher hier einige Grundregeln für die Planung von Besprechungen, die Ihnen bei einer zeitsparenden und effektiven Gestaltung helfen:
• Auch bei Besprechungen sollten Sie einen klaren Tagesplan im Kopf haben – und auch hier ist eine Zeiteinteilung wichtig. Legen Sie pro Thema einen Zeitrahmen fest. Wenn die gegebene Zeit vorbei ist, kann entschieden werden, ob das Thema vertagt wird oder zu diesem Zeitpunkt weiterer Diskussion bedarf.
• Verteilen Sie alle notwendigen Materialien schon vor Beginn des Meetings, sodass die Teilnehmer jederzeit auf wichtige Unterlagen zugreifen können.

- Entwickeln Sie, falls notwendig, ein Redesystem: Nur der, der den Ball in der Hand hält, darf reden o. ä. Klingt zwar ein bisschen nach Grundschule, ist aber auch im Geschäftsleben praktisch, damit nicht alle gleichzeitig sprechen.
- Entscheiden Sie grundsätzlich, wie in Problemsituationen zu verfahren ist und stellen Sie feste Regeln auf: Was ist bei einer festgefahrenen Diskussion zu tun? Was ist die Vorgehensweise bei Machtkämpfen oder Ablenkungen? Wenn diese Fragen schon vor der Besprechung geklärt sind und feste Regeln aufgestellt wurden, ist die Situation während des Meetings schnell geklärt und wird nicht zum Zeitfresser.
- Es sollte bei Besprechungen immer einen Gesprächsleiter geben, der durch die Themen führt und die Zeit im Auge behält.
- Das Protokoll sollte klar und übersichtlich gestaltet werden: Was sind wichtige Ergebnisse der Besprechung, welche Maßnahmen werden ergriffen, welche Aufgaben verteilt?
- Kurze Pausen erhöhen die Konzentrationsfähigkeit – besonders, wenn ein Meeting doch einmal länger dauert, als geplant war.
- Bemühen Sie sich um eine angenehme und ruhige Atmosphäre, die wenig Ablenkungsmöglichkeiten bietet.
- Legen Sie, falls notwendig, Sanktionen fest. Ein Kollege, der immer wieder zu spät kommt, darf zum Beispiel nicht mehr an der Sitzung teilnehmen oder muss später aufräumen. Nur dann, wenn alle fair spielen, kann ein Meeting schnell und effizient durchgeführt werden.

Eine Besprechung sollte außerdem nur stattfinden, wenn Sie auch notwendig ist. Gerade für Personen, die mit den zu besprechenden Themen nichts zu tun haben, sind Meetings langweilig und zeitfressend. Überlegen Sie vorher immer, wer für die Besprechung vonnöten ist und einen sinnvollen Beitrag leisten kann. Ein Kollege, der nicht mitreden kann und daher anfängt zu stören, hält die Besprechung nur weiter auf.

DELEGIEREN

Einer der wichtigsten Faktoren für gutes Zeitmanagement und Stressreduktion: Sie müssen nicht immer alles selbst machen. Wenn wir jede Aufgabe selbst erledigen müssen, haben wir oft wenig Zeit für außerberufliche Pläne und stehen unter ständigem Zeitdruck. Daher ist es besonders wichtig, auch Aufgaben zu delegieren und Zeit für sich zu nehmen.

Natürlich eignet sich nicht jede Aufgabe zur Delegation. A-Aufgaben, die Sie zu Ihren eigenen Zielen führen, müssen Sie selbstverständlich selbst erledigen. Welche Aufgaben Sie delegieren können, hängt häufig vom Aufgabentypen sowie der Hilfsbereitschaft und den Fähigkeiten Ihrer Mitarbeiter ab. Pro Aufgabe muss dabei individuell entschieden werden, ob eine Delegation nützlich und möglich ist oder nicht.

Aber wie delegiert man überhaupt erfolgreich? Und warum sollte Ihr Mitarbeiter einfach so Ihre Aufgaben übernehmen? Ganz so einfach ist das Ganze nicht. Delegation ist nur dann möglich, wenn die Aufgabe auch im Interesse Ihres Mitarbeiters liegt und dieser voll und ganz versteht, was zu tun ist. Ihr Kollege muss die delegierte Aufgabe anhand seiner Fähigkeiten ausführen können; es liegt also in Ihrer Verantwortung, die Aufgabe an eine passende Person weiterzugeben. Denken Sie außerdem daran: Andere Mitarbeiter delegieren ebenfalls. Rechnen Sie damit, dass auch Sie hin und wieder Zusatzaufgaben erledigen müssen.

Delegieren heißt nicht, dass Aufgaben einfach so abgegeben werden. Meistens ist es notwendig, einen Kompromiss zu schließen. Besonders gut lassen sich Aufgaben delegieren, die Sie ungern machen und ein Kollege dagegen gern übernimmt. Sie möchten zum Beispiel einen bestimmten Workshop nicht leiten? Wenn Ihr Kollege die Leitung übernimmt, kümmern Sie sich im Gegenzug um einen Arbeitsbereich, den Sie bevorzugen und den Ihr Kollege ungern bearbeitet.

Gut delegieren lassen sich außerdem Aufgaben, für die eine Person besonders gut geeignet ist. Sie haben einen Spezialisten im Team, der eine Aufgabe besonders gut erledigen könnte? Übertragen Sie diesem

Mitarbeiter die Aufgabe, so erhöht das auch seine Motivation. Menschen zeigen gern, was sie gut können.

Ebenfalls wichtig: Eine Aufgabe, die eigentlich überflüssig und unwichtig ist, muss nicht delegiert werden, sonst kostet Sie nicht nur Sie, sondern auch Ihren Mitarbeiter unnötig Zeit.

Delegieren Schritt für Schritt

1. Überlegen Sie, ob eine Aufgabe sich delegieren lässt.
2. Entscheiden Sie, wer geeignet ist, die Aufgabe zu übernehmen.
3. Erklären Sie Ihrem Mitarbeiter genau, was zu tun ist. Gehen Sie die einzelnen Arbeitsschritte durch.
4. Stehen Sie für Feedback und Hilfestellungen zur Verfügung, greifen Sie aber nur ein, wenn es dringend notwendig ist.
5. Besprechen Sie die Ergebnisse gemeinsam.

Lern- und Lesestrategien: Zeitmanagement zu Prüfungszeiten

Für viele Menschen beginnt der Kampf um gutes Zeitmanagement sehr früh: Schon in der Schule wird von uns verlangt, Hausaufgaben und Projekte rechtzeitig abzugeben und ausreichend für Prüfungen zu lernen. Dabei kann man zwar Lehrer oder Verwandte um Hilfe bitten, aber größtenteils ist man auf sich selbst gestellt. In der Universität muss die Zeiteinteilung dann nach Möglichkeit schon sitzen: Unzählige Stunden des Selbststudiums und viele verschiedene Abgabetermine und Prüfungen verlangen eine gute Zeiteinteilung. Diese Zeiteinteilung vorzunehmen fällt uns allerdings nicht immer leicht, denn jeder Mensch geht unterschiedlich mit der Prüfungsvorbereitung und Bearbeitung von Projekten um.

In diesem Kapitel möchten wir Ihnen Tipps geben, mit denen Sie Ihr Lernverhalten und Ihre Projektbearbeitung verbessern können. Wir erklären Ihnen, wie Sie lange Texte effizient lesen und die wichtigsten Informationen herausfiltern, wie Sie eine Lernstrategie finden, die zu Ihnen passt und wie Sie einen Lernplan erstellen und wie Sie mit engen Deadlines für Projekte umgehen. Die Informationen in diesem Kapitel nützen dabei aber nicht nur Schülern und Studenten, sondern auch jedem, der sein Lernverhalten und Projektmanagement verbessern will.

LESETECHNIKEN

Schon in der Schule haben wir es häufig gehört: „Als Hausaufgabe bitte Kapitel 1 bis 3 im Buch lesen.“ Und schon damals haben wir uns gefragt: „Ist das denn wirklich nötig?“ Manche haben das Kapitel gelesen, manche nicht, und meistens kam man auch damit durch, es nicht gelesen zu haben. In der Universität und auch im Beruf ist hier häufig eine andere Herangehensweise gefordert. Lesen ist im Studium grundsätzlich unumgänglich, wenn man gut vorankommen will. Deshalb ergibt es Sinn, schon zu Beginn des Studiums die eigenen Lesefähigkeiten und -strategien zu hinterfragen.

Häufig lesen wir einfach darauf los und verlieren eine Menge Zeit, weil wir nicht alle wichtigen Informationen aus dem Text herausfiltern konnten. Egal, ob Berichte, E-Mails oder Akten – auch im Beruf kommen wir später kaum ums Lesen herum. In diesem Kapitel verraten wir Ihnen daher, wie Sie Ihre Lesetechniken verbessern und ein besseres Textverständnis entwickeln können.

Die richtige Lektüre

Sowohl im Studium als auch im Beruf ist es häufig unmöglich, wirklich jedes Dokument gründlich zu lesen. Bevor Sie mit einem Projekt oder einer Aufgabe beginnen, sollten Sie also überlegen, welche Dokumente Sie dafür lesen sollten und wie intensiv Ihre Beschäftigung mit diesen Dokumenten sein sollte.

Gerade in der Universität stellen Dozenten häufig Texte zur Verfügung, deren Bearbeitung viel Zeit in Anspruch nimmt. Viele dieser Texte tragen zum Verständnis des Themas bei, viele verschwenden aber mit unverständlichen Erklärungen und Zusatzinformationen auch Ihre Zeit. Versuchen Sie daher zuerst festzustellen, wie viele interessante und wichtige Informationen sich in einem Text befinden. Überprüfen Sie Inhaltsangaben und Inhaltsverzeichnisse, suchen Sie nach Schlüsselwörtern, fett gedruckten Begriffen oder Diagrammen und lesen Sie, falls vorhanden, abschließende Zusammenfassungen am Ende der Kapitel. Falls Sie sich immer noch unsicher über den Mehrwert des Textes sind, überfliegen Sie einige Abschnitte. Orientieren Sie sich dabei an Schlüsselbegriffen und wichtigen Informationen. So haben Sie einen groben Überblick über die Textthemen und können nun eine begründete Entscheidung treffen: Bringt der Text Sie bei Ihrer Aufgabe weiter oder bringt er Ihnen nur unnötige Lesearbeit?

Exkurs: Was machen bei fehlenden Informationen?

Manchmal sind die uns vorgeschlagenen Dokumente zu einer Aufgabe oder einem Thema leider weniger informativ, als wir gehofft hatten. Aber was machen wir nun, wenn uns wichtige Informationen für die Erfüllung unserer Aufgabe fehlen?

Suchen Sie nach Fachzeitschriften oder Büchern (zum Beispiel in der Universitäts- oder Stadtbibliothek). Falls die Erklärungen Ihrer Informationsquellen für Sie unverständlich sind, dann versuchen Sie Ihr Glück bei YouTube. Hier finden Sie zahlreiche Tutorials und Erklärungen zu verschiedensten Theorien und Aufgabenbereichen.

Viele Universitäten bieten außerdem einen Online-Katalog an, in dem zahlreiche Dokumente als PDF-Dateien verfügbar sind. Informieren Sie sich gegebenenfalls auch an Ihrer Hochschule über Recherchetechniken; häufig werden Vorlesungen oder Kurse zu diesem Thema angeboten.

Lesetechniken

Wenn Sie sich für ein Dokument entschieden haben, müssen Sie entscheiden, wie sehr Sie sich mit dem Text beschäftigen wollen. Auch hier gilt: Planung ist alles. Überlegen Sie vorher, wie viel Zeit Sie für das Lesen des Textes in Anspruch nehmen wollen, mit welcher Lesestrategie Sie die wichtigen Informationen herausfiltern können und wie Sie diese Informationen festhalten möchten. Bei manchen Texten reicht es, das grobe Thema zu erfassen, andere müssen genau unter die Lupe genommen werden, um ein gutes Verständnis zu ermöglichen.

Lesetechniken lassen sich in verschiedene Teilgebiete gliedern:

- Überfliegen/ Querlesen
- Gezieltes Lesen
- Intensives Lesen
- Aktives Lesen

Das Querlesen

Das Querlesen dient vor allem der Auswahl von nützlichen Texten. Hier wird der Text überflogen und wichtige Schlüsselwörter werden herausgefiltert. Dabei sollte besonders auf Überschriften und Hervorhebungen geachtet werden.

Die besten Ergebnisse beim Querlesen können durch die Kombination von zwei Strategien erreicht werden: Die Slalomtechnik und die Inseltechnik. Bei der Slalomtechnik sucht das Auge den Text nach wichtigen Informationen ab – beginnend oben links bis unten rechts. Bei der Inseltechnik liest man hingegen bestimmte Textstellen an und sucht nach interessanten Informationen. Diese Methoden benutzen wir meistens unterbewusst, um die Wichtigkeit eines Textes zu determinieren.

Das gezielte Lesen und intensives Lesen

Beim gezielten Lesen wird der Text nach bestimmten Informationen und Schlüsselwörtern durchsucht. Mithilfe des Inhaltsverzeichnisses werden Abschnitte, die interessante Informationen enthalten, gesucht und dann genauer gelesen. Der Fokus hierbei liegt auf Angaben zu einem bestimmten Thema.

Beim intensiven Lesen wird der Text hingegen auf alle Informationen hin gründlich durchsucht. Hier liegt der Fokus häufig auch auf äußerlichen Merkmalen des Textes wie Textart oder Sprachstil.

Das aktive Lesen

Häufig wollen wir einen Text nicht nur lesen, sondern uns auch genauer mit ihm auseinandersetzen. Gerade in der Universität und im Beruf wird selten aus Spaß, sondern mit einem festen Ziel im Hinterkopf gelesen. Hier muss man beachten, dass ein großer Unterschied zwischen Lesen und aktiver Bearbeitung eines Textes liegt.

Beim aktiven Lesen muss die Konzentration nicht nur dem Text, sondern auch der gegebenen Aufgabe gelten. Hier ist es wichtig, dass Sie wichtige Informationen markieren, überflüssige Passagen einklammern oder streichen und sich Notizen am Rand machen – alles was bei der Bearbeitung Ihrer Aufgabe weiterhilft.

Hierbei können Sie verschiedene Methoden zur Filterung der Informationen nutzen. Markieren Sie zum Beispiel verschiedene Arbeitsaufträge in unterschiedlichen Farben oder gliedern Sie den Text in thematische Abschnitte.

Die SQ3R-Methode

Für eine zielbezogene Auseinandersetzung mit dem Text ist die SQ3R-Methode, entwickelt vom amerikanischen Pädagogen F. Robinson, eine große Hilfe:

- S (Survey): Orientieren
- Q (Question): Fragen stellen
- R (Read): Lesen
- R (Recite): Rekapitulieren
- R (Review): Wiederholen

➢ Orientieren Sie sich zu Beginn und gewinnen Sie einen Überblick über die Lektüre. Welches Ziel haben Sie im Blick und welche Informationen benötigen Sie für das Erreichen dieses Zieles? Achten Sie auf Inhaltsverzeichnis, Fettgedrucktes und Überschriften. Überlegen Sie, wie Sie den Text bearbeiten wollen (markieren, Notizen etc.).

➢ Stellen Sie Fragen an den Text. Werfen Sie dabei noch einen genaueren Blick auf Überschriften und Schlüsselwörter.

o Welche Intention hat der Verfasser?

o Was ist die Hauptaussage des Textes? Was ist das Textthema?

o Welches Vorwissen habe ich über das Thema?

o Mit welchen Themen lässt sich der Inhalt verknüpfen?

o …

➢ Lesen Sie den Text und versuchen Sie dabei, die von Ihnen gestellten Fragen zu beantworten. Passen Sie Ihr Lesetempo dabei an Ihre Konzentration und Ihr Ziel an. Machen Sie immer wieder Pausen, um das Gelesene zu verarbeiten und zu behalten. Versuchen Sie dabei, folgende Schritte einzuhalten:

o Lesen

o Nachdenken

o Erneut Lesen

o Textbearbeitung: Notizen, Beantwortung der Fragen, Markierungen, Gliederung, Fremdwörter klären, Erstellung von Mind-Maps usw.

➢ Rekapitulieren Sie das Gelesene: Haben Sie alles verstanden? Haben Sie Ihre eigenen Fragen sinnvoll beantwortet und den Text systematisch gegliedert und bearbeitet? Gibt es offen gebliebene Fragen? Versuchen Sie nun, Ihre Aufgabe mithilfe des gewonnenen Textwissens zu bearbeiten oder das Gelesene visuell/ schriftlich festzuhalten.

➢ Wiederholen Sie die Inhalte der Lektüre regelmäßig, um wichtige Aussagen im Gedächtnis zu behalten.

LERNEN, OHNE DEN KOPF ZU VERLIEREN: DIE EFFEKTIVSTEN LERNSTRATEGIEN

Fünf Klausuren in zwei Wochen, dazu noch drei Projekte und eine Hausarbeit – so etwas ist im Studium häufig der Alltag. Und ebenso häufig verlieren wir hier leider unseren Kopf. Ohne Planung mit dem Lernen zu beginnen, stundenlang pauken, kaum schlafen – all das bringt uns vielleicht am Ende ans Ziel, kostet uns auf dem Weg dahin aber leider viele Nerven. Deshalb sind ein guter Lernplan sowie verschiedene Lernstrategien ein wichtiger Teil der Prüfungsvorbereitung.

Prioritäten setzen und Pläne schmieden

Sie haben es von uns schon oft gehört und das hier ist wahrscheinlich nicht das letzte Mal: Vor Beginn von Projekten, Aufgaben und auch Klausurvorbereitungen sollte immer ein Zeitplan erstellt werden. Insbesondere hier ist es wichtig, dass Sie sich vor Beginn des Lernprozesses einen Überblick über den wichtigen Stoff sowie alle anderen Projekte verschaffen.

Schreiben Sie daher zunächst alle Projekte und sonstige Aufgaben mit Abgabedatum nieder, die Sie während der Prüfungsphase ebenfalls erledigen müssen. Dazu schreiben Sie als nächstes all Ihre Prüfungstermine.

Setzen Sie nun wieder Prioritäten anhand des Eisenhower-Prinzips: Welche Projekte und Klausuren sind dringend, welche sind wichtig, welche sind beides? Leider haben wir oft nicht genug Zeit, all unseren Projekten so viel Zeit zuzumessen, wie es uns lieb wäre. Daher sollten Sie mit den Aufgaben beginnen, die sowohl wichtig als auch dringend sind.

Versuchen Sie auch, den ungefähren Zeitaufwand für Ihre Projekte und Klausurvorbereitung abzuschätzen. Überlegen Sie, wie viel Zeit Sie für eine Aufgabe brauchen werden und wie viel Zeit Sie tatsächlich zur Verfügung haben. Wenn Sie weniger Zeit als notwendig zur Verfügung haben, ist ein Blick auf Ihren Tages- und Wochenplan nötig: Welche Aufgaben können Sie auf einen späteren Zeitpunkt verschieben, um genug Zeit für Ihre Prüfungsvorbereitung zu gewinnen?

Sie schreiben zwei Klausuren an einem Tag? Hier sollten Sie sich eine Frage stellen: Welche Klausur ist wichtiger? Natürlich würden Sie gern in beiden Klausuren gute Ergebnisse erzielen, aber häufig bleibt uns nichts anderes übrig, als Prioritäten zu setzen. Überlegen Sie also: Welche Klausur oder Prüfung ist für meine Laufbahn im Beruf oder Studium wichtiger? Was muss ich auf jeden Fall bestehen?

Einen Lernplan erstellen

Die Prüfungsvorbereitung besteht meistens aus vier Bereichen:

- Vorbereitung und Organisation
- Aneignung des Stoffes
- Vertiefung
- Überprüfung

Zuerst müssen Sie alle notwendigen Materialien beschaffen. Das können Bücher, Internetquellen und Altklausuren sein, dazu gehören aber auch Prüfungstermin und -ort sowie Kontaktquellen zu Prüfern, falls Sie wichtige Fragen haben.

Als Nächstes müssen Sie sich den Lehrstoff aneignen. Arbeiten Sie den Stoff gründlich durch und versuchen Sie, notwendige Zusammenhänge zu verstehen. Dabei können Ihnen einige der Lernstrategien zur Hand gehen, die wir im nächsten Abschnitt auflisten, Sie können aber auch Ihre eigenen Methoden anwenden und ausprobieren. Besonders in diesem Zeitraum ist Planung von großer Bedeutung. Jeder Mensch hat eine individuelle Lerngeschwindigkeit. Planen Sie also genug Zeit ein, um den Stoff auf Ihre eigene Art zu lernen und behalten zu können.

Sie haben sich das nötige Wissen angeeignet, nun muss es aber auch vertieft werden. Diese Vertiefungsphase nimmt normalerweise nur wenig Zeit in Anspruch, muss aber dennoch eingeplant werden. Gehen Sie nicht direkt von der Aneignungsphase aus in die Prüfung! Fangen Sie lieber etwas früher mit der Vorbereitung an, um mögliche Wissenslücken nun schließen zu können. Wiederholen Sie hier den Stoff regelmäßig.

Die Überprüfungsphase sollte die letzten Tage vor der Klausur umfassen und dient der gründlichen Wiederholung aller Inhalte. Prüfen Sie, ob an Stellen noch Fragen oder Unklarheiten bestehen und versuchen Sie, diese zu beseitigen.

Beim Erstellen des Planes ergibt es Sinn, rückwärts vorzugehen: Fragen Sie sich erst, wie viel Zeit Sie für die Überprüfungsphase brauchen werden, planen Sie dann die nötige Zeit für die Vertiefungsphase ein usw. Am Ende Ihrer Planung haben Sie nun einen Termin, an dem Sie mit dem Lernen beginnen sollten, um nicht unter Zeitdruck zu geraten. Planen Sie hierbei aber auch immer wieder einen freien Tag ein, an dem Sie sich mit anderen Projekten und sich selbst beschäftigen.

Der richtige Mix macht's: Wie viel Zeit pro Tag sollten wir eigentlich lernen?

Auf diese Frage gibt es leider keine eindeutige Antwort, denn jeder Mensch geht anders mit der Aneignung von Lehrstoff um. Grundsätzlich gilt aber, dass stundenlanges Durchpauken kurz vor der Klausur uns meistens nicht weiterbringt. Man sollte mit der Klausurvorbereitung immer früh genug beginnen, um nicht unter Zeitdruck zu leiden. Springen Sie über Ihren Schatten und fangen Sie an: Ihr zukünftiges Ich wird es Ihnen danken, wenn Sie die Abende zum Entspannen freihaben, statt weiter lernen zu müssen.

In Kapitel 2 haben wir uns schon mit der Leistungskurve beschäftigt, die auch beim Lernprozess eine wichtige Rolle spielt. Zusätzlich zur Klausurvorbereitung haben Sie sicherlich auch noch weitere Aufgaben für Universität, Beruf oder im Haushalt, die Sie nicht vernachlässigen dürfen. Planen Sie also Ihre Lernphasen für Tageszeiten ein, in denen Sie leistungsstark sind und erledigen Sie Routineaufgaben in Ihren leistungsschwächeren Zeiten.

Grundsätzlich sollte die Lernzeit pro Tag vier bis sechs Stunden betragen. Dabei ist eine Verteilung über den ganzen Tag dringend notwendig. Lernt man vier Stunden am Stück, kann das Gehirn den Ansturm an neuen Informationen kaum aufnehmen. Daher ist ein guter Tagesplan mit regelmäßigen Pausen nötig. Fangen Sie mit dem Lernen außerdem früh an! Wenn Sie einen Teil Ihrer Lernzeit schon vormittags geleistet haben, haben Sie am Nachmittag mehr Zeit für Entspannung.

Beim Lernen gibt es unterschiedliche Arten von Pausen:

- Kurzpausen: 3-5 Minuten
- Zwischenpausen: 15-30 Minuten
- Längere Erholungspausen: 1-2 Stunden

Kurzpausen sollten ungefähr alle halbe Stunde eingeplant werden, müssen aber nicht zeitlich eingehalten werden. Sie sind grundsätzlich dafür da, das Gelernte kurz zu verarbeiten, sich auf den Wechsel von Lerninhalten vorzubereiten und einmal durchzuatmen. Bemühen Sie sich, in jeder Kurzpause etwas zu trinken. Häufig vergessen wir beim Lernen, genug Wasser zu uns zu nehmen.

Zwischenpausen sollten nach intensiven Lerneinheiten von circa 90 Minuten gemacht werden. Unsere Konzentrationsfähigkeit nimmt nach einer zu langen Zeitspanne konzentrierten Lernens stark ab, sodass hier eine Pause dringend nötig ist. Versuchen Sie, sich zu entspannen und abzukühlen. Hüten Sie sich hier allerdings vor Zeitfressern: Die Pause sollte wirklich nicht länger als 30 Minuten in Anspruch nehmen, längere Aufgaben oder Ablenkungen sollten hier also vermieden werden.

Spätestens alle drei bis vier Stunden muss eine lange Erholungspause von 1 bis 2 Stunden gemacht werden. Ruhen Sie sich von Ihrer Lernphase aus und beschäftigen Sie sich mit einem anderen Lebensbereich.

Beispiel für einen Lernplan

Zeit	Aktivität
9.00-10.30 Uhr	Lerneinheit
10.30-11.00 Uhr	Zwischenpause
11.00-12.30 Uhr	Lerneinheit
12.30-14.00 Uhr	Erholungspause
14.00-15.00 Uhr	Lerneinheit
15.00-15.15 Uhr	Zwischenpause
15.15-16.00 Uhr	Lerneinheit
Ab 16 Uhr	Freizeit

Dieser Lernplan umfasst insgesamt 5 Stunden des Lernens mit kürzeren und längeren Pausen zwischendurch. Natürlich kann ein Lernplan nicht für jeden Tag gleich aussehen. Manchmal haben wir Termine, die unseren Nachmittag in Anspruch nehmen oder sogar den ganzen Tag dauern. Viele Termine können wir aber schon früh in unserem Wochen- und Tagesplan vermerken.

Die besten Lernstrategien

Pures Auswendiglernen ist meistens langweilig – und bringt die wenigsten wirklich weiter. Darum zeigen wir Ihnen hier einige Lernstrategien, mit denen Sie sich den notwendigen Stoff schnell und einfach aneignen können.

Mind-Maps

Mind-Mapping dient der grafischen Darstellung von Informationen und helfen uns, Zusammenhänge zu verdeutlichen. In unserem Gehirn beschäftigt sich die rechte Hirnhälfte mit Dingen wie Fantasie, Raumwahrnehmung und Farben, während die linke Gehirnhälfte für Logik und Sprache zuständig ist. Mind-Maps verbinden grafisches Denken mit Sprache, sodass beide Gehirnhälften zusammen genutzt werden.

Schreiben Sie für das Erstellen einer Mind-Map das Hauptthema in die Mitte der Seite. Unterthemen und weitere Ideen werden nun rundherum festgehalten und mit dem Hauptthema oder mit anderen Themen verbunden. Nutzen Sie für Ihre Mind-Map verschiedene Farben und Formen, um Zusammenhänge deutlich zu machen.

Mind-Maps sind besonders nützlich, um einen Überblick über ein Thema zu liefern und die wichtigsten Schlüsselbegriffe zu lernen.

Weitere Lernmethoden mit Visualisierung

Grundsätzlich ist es nützlich, Lerninhalte grafisch darzustellen, um sie besser zu verstehen. Dabei kann es sich um Diagramme, Zeitstrahlen, Tabellen o. ä. handeln – Hauptsache ist, dass die Grafik übersichtlich gestaltet ist und Ihnen beim Lernen weiterhilft.

Wenn Sie Lernzettel und Notizen lieber online erstellen, verzweifeln Sie nicht: Die Microsoft-Programme bieten zahlreiche vorgefertigte Grafiken, in die Sie Ihre Informationen nur noch eintragen müssen.

Die LOCI-Methode

Die LOCI-Methode („locus“ lat. für Ort) hilft Ihnen, schwierige Definitionen und Fachbegriffe mithilfe von Assoziationen zu lernen. Häufig fällt es uns leichter, Informationen abzuspeichern, die wir mit Dingen in unserer Umgebung, bestimmten Worten oder lustigen Geschichten verknüpfen. So können wir uns zum Beispiel lustige Eselsbrücken bauen oder mit jeder Haltestelle auf dem Weg zur Universität einen Begriff verknüpfen – wenn wir einen Begriff mit etwas Bekanntem assoziieren, merken wir uns die Informationen schneller.

So können Sie den von Ihnen ausgewählten „Weg" durch Ihre Umgebung im Kopf durchgehen und die mit den einzelnen Wegpunkten verknüpften Begriffe wiederholen, um Informationen abzuspeichern.

Karteikarten

Karteikarten sind seit jeher eine beliebte Lernmethode, die Sie sowohl allein als auch mit Lernpartnern hervorragend anwenden können. Schon beim Erstellen der Karten speichern Sie Teile des Lerninhaltes ab und da die Karten gemischt werden, lernen Sie, Ihr Wissen ungeachtet der Reihenfolge der Informationen abzurufen.

Bei Karteikarten schreiben Sie auf die eine Seite eine Frage oder einen Begriff, auf die andere Seite die dazugehörige Antwort oder Erklärung. Auch hier können Sie verschiedene Farben nutzen, um unterschiedliche Lerninhalte zu markieren und zu unterscheiden.

Im Vertiefungs- und Wiederholungsprozess der Prüfungsvorbereitung können Sie dann die Karteikarten, deren Informationen Sie verinnerlicht haben, vorerst aussortieren und sich um Themen kümmern, die Ihnen immer noch Schwierigkeiten bereiten.

Aktiv lernen und interagieren

Prüfen Sie Ihren eigenen Wissensstand, indem Sie das gelernte Wissen mit eigenen Worten wiedergeben und sich eigene Beispiele überlegen. So sehen Sie schnell, welche Bereiche Sie schon gut erklären können und wo Sie noch Verständnisprobleme aufweisen. Durch eigene Beispiele werden gelernte Theorien in die Praxis übertragen, sodass auch das Lernen selbst etwas abwechslungsreicher wird.

Versuchen Sie außerdem, sich nicht nur auf das Auswendiglernen des Stoffes zu fokussieren. Reden Sie mit Kollegen oder Mitstudenten über die Themen, klären Sie Fragen und lösen Sie Probleme. Schauen Sie sich so viele Übungsaufgaben und Altklausuren wie möglich an. Übung macht schließlich den Meister.

Und denken Sie daran: Um Hilfe bitten ist immer erlaubt. Wenn Sie ein Thema nicht verstehen, fragen Sie nach! Ihre Kommilitonen helfen Ihnen sicher gern und auch Dozenten und Professoren wollen Sie bei Ihrer Prüfung erfolgreich sehen.

Lerntypen

Die passende Lernstrategie zu finden ist leider nicht immer einfach, Lernmethoden gibt es schließlich wie Sand am Meer. Wenn Sie nach dem vorherigen Absatz also noch nicht sicher sind, wie Sie das Lernen handhaben wollen, dann ergibt es Sinn, den eigenen Lerntypen zu bestimmen. Wir alle lernen unterschiedlich und daher hängt die für uns passende Lernstrategie von vielen verschiedenen Faktoren ab.

Hier stellen wir Ihnen die unterschiedlichen Lerntypen vor und geben Beispiele für passende Lernmethoden.

- Visuell:

  Der visuelle Lerntyp arbeitet besonders gut mit Grafiken und Texten. Hier sollte beim Lernen auf eine gute Strukturierung der Informationen geachtet werden. Farbliche Kennzeichnungen und markierte Zusammenhänge sind wichtige visuelle Lernhilfen. Im vorherigen Absatz haben wir das Lernen mit Visualisierungen und Mind-Maps erläutert, das für diesen Lerntypen besonders nützlich ist.

- Motorisch/kinästhetisch

  Motorische Lerntypen sind eher praxisorientiert und können Wissen schlecht durch stundenlanges Sitzen am Schreibtisch lernen. Sie wollen das Gelernte ausprobieren und anwenden können. Hier sollte man sich stets bemühen, praktische Anwendungen für die jeweiligen Themenbereiche zu finden. Besonders Versuche oder Modelle sind hier nützliche Hilfsmittel.

  Und wenn es dann doch mal das pure Auswendiglernen sein muss: Wiederholen Sie das Gelernte bei einem Spaziergang oder beim Sport.

- <u>Kommunikativ</u>

  Der kommunikative Lerntyp lernt am besten in der Gruppe, wo der Stoff diskutiert und besprochen werden kann. Suchen Sie sich daher einen Lernpartner, eine Lerngruppe oder sogar ein Seminar oder Kurs zu Ihren Themenbereichen.

  Gehen Sie mit Ihrem Partner den Lehrstoff durch, fragen Sie sich gegenseitig ab, diskutieren Sie den Stoff oder beantworten Sie offene Fragen. Viele Aufgaben fallen in der Gruppe leichter.

- <u>Auditiv</u>

  Auditive Lerntypen können sich Informationen besonders gut merken, wenn Sie sich diese anhören können. Daher ist es sinnvoll, Vorlesungen aufzunehmen oder selbst Aufnahmen des nötigen Wissens zu machen.

  Auch YouTube-Videos und Podcasts sind eine große Lernhilfe. Auditive Lerntypen können außerdem von kommunikativen Lernmethoden profitieren, da hier viele Diskussionen und Besprechungen geführt werden, die zusätzlichen Audio-Input bieten.

Um die besten Lernstrategien zu finden, lohnt es sich daher immer, das eigene Lernverhalten zu analysieren und eine Methode zu nutzen, die zum eigenen Lerntypus passt.

TIPPS FÜR EIN OPTIMALES ZEITMANAGEMENT BEI HAUSARBEITEN

Egal, ob Hausarbeit oder Projektbericht – Erfahrungen und Rechercheergebnisse niederzuschreiben fällt uns nicht immer leicht. Manchmal fehlt uns einfach der passende Startpunkt, wir verstehen das Thema nicht oder wir finden die Motivation nicht, die Aufgabe auch tatsächlich zu beginnen. Gerade bei schriftlichen Arbeiten fällt man hier leicht in die Zeitfalle. Häufig hat man Wochen oder sogar Monate Zeit, um einen Bericht oder eine

Hausarbeit fertigzustellen und dann sitzt man doch am letzten Abend da, weil noch fünf Seiten fehlen. Damit Ihnen in Zukunft so etwas nicht passieren kann, geben wir Ihnen hier noch einige Tipps, mit denen die Zeiteinteilung während schriftlicher Arbeiten perfekt funktioniert.

- Arbeiten Sie kleinschrittig!

20 oder sogar 50 Seiten über ein Thema zu schreiben, von dem Sie vielleicht noch gar keine Ahnung haben, scheint erst einmal fast unmöglich. Setzen Sie sich als Erstes daher immer hin und teilen Sie Ihr Thema in verschiedene Abschnitte ein. Welche Themenbereiche können Sie behandeln? Überlegen Sie, wie viele Seiten oder Worte Sie pro Thema ungefähr schreiben müssen, um die gewünschte Anzahl zu erreichen. Dann bringen Sie die Themen in eine sinnvolle Reihenfolge. Nun haben Sie einen groben Aufbau für Ihr Schreibprojekt. Eine solche Einteilung nimmt uns außerdem die Angst: Plötzlich müssen wir nicht mehr 50 Seiten über Goethes Werke schreiben, sondern erst einmal nur fünf Seiten über die Epochenmerkmale in einem seiner Werke.

- Recherchieren, recherchieren, recherchieren

Niemand erwartet von Ihnen, über Nacht ein Genie in einem neuen Thema geworden zu sein. Finden Sie heraus, welche Recherchemöglichkeiten für Sie am besten funktionieren: Arbeiten Sie lieber mit Büchern aus der Bibliothek, Online-Katalogen oder Artikeln? Suchen Sie nach so vielen Werken zu Ihrem Thema wie möglich und filtern Sie dann die wichtigen Informationen heraus. Wenn Ihnen am Ende noch Seiten oder Worte für Ihr Thema fehlen, können Sie außerdem aus anderen Werken Inspiration ziehen.

- Planen Sie!

Überlegen Sie, wie viel Sie pro Tag für Ihre Arbeit machen wollen und seien Sie dann auch konsequent. Planen Sie vor dem Abgabetermin wenigstens drei Tage für eine inhaltliche und formale Korrektur, Layout und Drucken ein. Wie viele Seiten bzw. Worte pro Tag können Sie konzentriert schreiben? Schießen Sie nicht über Ihr Ziel hinaus: Besser, Sie schreiben drei gute Seiten an einem Tag als sechs schlechte.

- Legen Sie los!

Es hilft nichts: Fangen Sie sofort an! Beginnen Sie mit der Recherche oder Planung für Ihre Arbeit, sobald es Ihnen möglich ist und lassen Sie sich nicht von einer großen Zeitspanne für Ihr Projekt täuschen. Wenn es gut läuft, sind Sie zu früh fertig und können sich schon anderen Aufgaben widmen.

Zeitmanagement im Haushalt, in der Familie und in der Freizeit

Im Leben sind wir häufig sehr auf unseren Beruf konzentriert: Wir planen unsere Projekte, bereiten uns auf Prüfungen vor ... und gehen unseren Routineaufgaben zu Hause genauso nach, wie wir es schon immer getan haben. Diese Sachen bedürfen doch keiner besonderen Planung, oder? Doch, sagen wir Ihnen! Mit cleveren Methoden und einem guten System lassen sich Ihre Aufgaben im Haushalt viel schneller und effizienter – und auch mit mehr Vergnügen – gestalten! In diesem Kapitel erklären wir Ihnen daher verschiedene Tricks für gutes Zeitmanagement zu Hause und in der Freizeit. Gerade im Familienleben ist Zeitmanagement nicht immer einfach. Daher geben wir Ihnen einige Tipps für eine gute Zeiteinteilung in der Familie und mit Kindern.

Zeitmanagement im Haushalt – Was muss getan werden?

Und schon wieder sind wir an unserem Lieblingspunkt angekommen: Planen, planen, planen. Auch im Haushalt bringt uns ein guter Tagesplan schnell voran. Daher sollten Sie sich immer schon am Abend vorher die Frage stellen: Was sollte ich denn morgen im Haushalt erledigen? Welche Aufgaben müssen morgen gemacht werden, welche kann ich auch schieben? Die meisten Aufgaben im Haushalt sind, nach dem Eisenhower-Prinzip bewertet, nur C-Aufgaben, also einfache Routineaufgaben. Das heißt aber leider nicht, dass wir sie völlig ignorieren können. Natürlich haben wir das Gefühl, dass uns ein bisschen mehr Arbeit an dem neuen Projekt für unseren Beruf im Leben weiterbringt, als im ganzen Haus Staub zu wischen, aber wenn Sie solch kleine Aufgaben immer wieder aufschieben, häufen auch diese sich irgendwann an.

Machen Sie sich also zuerst eine grundsätzliche Liste, was im Haushalt regelmäßig gemacht werden muss. Dazu gehört zum Beispiel:

- Staub wischen

- Staubsaugen und Wischen
- Spülen
- Fenster putzen
- Den Müll ausleeren
- Aufräumen
- Küchengeräte und Arbeitsflächen reinigen
- Wäsche waschen, trocknen und falten
- Betten beziehen und Bettwäsche waschen
- Das Bad putzen
- Kochen
- …

Je nach Haushalt gibt es verschiedene Aufgaben, die erfüllt werden müssen. Wenn Sie nicht allein, sondern mit Ihrem Partner oder Ihrer Familie leben, haben Sie hier einen Vorteil. Gehen Sie die Liste mit Ihren Mitbewohnern durch und überlegen Sie, wer welche Aufgaben übernehmen sollte. Machen Sie sich am besten schon hier eine Liste, sodass jeder seine Aufgabenbereiche schnell nachvollziehen kann.

Aber auch, wenn Sie allein leben, müssen Sie sich im Haushalt nicht zu viel Stress machen. Haben Sie eine Liste mit allen notwendigen Aufgaben erstellt, dann überlegen Sie, wie oft diese gemacht werden müssen. Denken Sie außerdem darüber nach, ob die Erfüllung dieser Aufgaben in den gegebenen Abständen für Sie überhaupt möglich ist. Wenn Sie schon beim Erstellen Ihres Planes merken, dass Sie es niemals schaffen werden, jede Woche Staub zu saugen, dann planen Sie diese Aktivität nur alle zwei Wochen ein. Bleiben Sie bei Ihrem Plan realistisch, sodass Sie später nicht enttäuscht sind, wenn Sie nicht alle Aufgaben nach Plan erledigen konnten.

Nun geht es daran, die notwendigen Tätigkeiten auf verschiedene Tage zu verteilen. Sie haben montags mehr Zeit als an anderen Tagen? Super, dann können Sie hier vielleicht das Bad putzen und Wäsche waschen. Dienstags sind Sie viel unterwegs? Dann saugen Sie abends vielleicht nur schnell durchs Haus, anstatt mehr zu machen. Teilen Sie sich Ihren Haushaltsplan so ein, dass Sie für die wichtigen Aufgaben genug Zeit haben. Überlegen Sie auch, welche Aufgaben sich gut abwechseln lassen. Vielleicht wollen Sie an einem Tag Staub wischen und die Woche darauf staubsaugen – planen Sie im Wechsel!

Viele der oben aufgelisteten Aufgaben müssen selbstverständlich nicht wöchentlich gemacht werden. Überlegen Sie daher schon bei der Erstellung Ihres Monats- oder Jahresplans, wann Sie für umfangreichere Aufgaben im Haushalt besonders viel Zeit haben. Ein Frühjahrsputz einmal im Jahr ist nützlich, um das Haus wieder Klarschiff zu machen, aber wenn Sie im Frühling keine Zeit haben, hält Sie auch niemand von einem „Winterputz“ ab.

Multitasking und Entspannung im Haushalt

Manche Aufgaben im Haushalt machen wir sogar gern und das können wir zu unserem Vorteil nutzen. Planen Sie solche Aufgaben immer zuletzt ein und erledigen Sie die unangenehmen Aufgaben vorher. Wenn Sie gern Wäsche falten, aber wissen, dass Sie später noch das Bad putzen müssen, haben Sie auch auf das Wäsche-Falten weniger Lust. Machen Sie die unangenehme Aufgabe zuerst, können Sie sich später auf angenehmere Aufgaben konzentrieren.

Viele Aufgaben im Haushalt kann man außerdem mit einem Entspannungs- oder Unterhaltungseffekt verbinden. So können Sie zum Beispiel zu den Klängen Ihrer Lieblingsmusik spülen oder im Garten arbeiten oder beim Bügeln eine Folge Ihrer Lieblingsserie gucken. Auch zum Nachdenken oder Lernen eignen sich Aufgaben im Haushalt hervorragend, da Sie einfach und routinemäßig genug sind, um uns nicht abzulenken.

Kleine Aufgaben sofort erledigen

Oft häufen sich im Haushalt schon die kleinsten Aufgaben an, besonders wenn es ums Aufräumen geht. Man lässt jeden Tag zwei oder drei Gegenstände an der falschen Stelle liegen und eine Woche später ist das Haus ein einziges Chaos. Solchen Situationen können Sie aber einfach vorbeugen.

Nehmen Sie sich die extra Sekunden, um Gegenstände an die richtige Stelle zurückzulegen – so müssen Sie später keine kostbare Zeit mit langen Aufräumaktionen verschwenden. Nutzen Sie außerdem Ihre Wege durchs Haus: Wenn Sie in den Keller müssen, um Wasser hochzuholen, dann nehmen Sie die dreckige Wäsche auf dem Weg direkt mit!

Auch Reinigungsaufgaben im Haushalt lassen sich schnell auf dem Weg erledigen. Wenn Sie die Treppe hochgehen, können Sie auf dem Weg nach oben zum Beispiel schon einmal das Geländer abwischen. Später haben Sie so eine Aufgabe weniger, an die Sie denken müssen.

Effizient einkaufen

Sie können es nicht mehr hören, aber auch hier gilt: Planen Sie! Beim Einkaufen ist ein Einkaufszettel ein Muss. Überlegen Sie vorher, was Sie alles benötigen:

- Wollen Sie diese Woche kochen? Welche Mahlzeiten? Welche Zutaten brauchen Sie?
- Haben Sie einen Vorrat aufgebraucht und müssen Neues nachkaufen?
- Welche Hygieneartikel benötigen Sie?
- Ist irgendetwas kaputtgegangen oder brauchen Sie Haushaltsgegenstände?

Ein Einkaufszettel kann noch nützlicher gemacht werden, wenn Sie sich in Ihrem Supermarkt gut auskennen. Schreiben Sie die benötigten Gegenstände und Lebensmittel in der Reihenfolge auf, in der sie im Geschäft zu finden sind, sodass Sie Ihren Einkauf schnell und effizient erledigen können.

Überlegen Sie beim Einkaufen außerdem vorher, welche Snacks und Süßigkeiten Sie kaufen wollen. Natürlich darf man sich auch mal etwas erlauben, was nicht auf dem Einkaufszettel steht, aber wenn Sie sich an Ihren Plan halten, sparen Sie nicht nur Zeit, sondern auch Geld.

Versuchen Sie außerdem, Ihre Besorgungen sinnvoll zu kombinieren! Neben dem Supermarkt liegt ein Kleidungsgeschäft? Gut, dann können Sie direkt noch die Hose umtauschen, die Ihnen nicht passt und ein Geburtstagsgeschenk für die Schwester kaufen! Denken Sie daher immer vorher darüber nach, welche Geschäfte sich in Reichweite befinden und welche Erledigungen Sie kombinieren können.

Kinder im Haushalt

Wer Kinder hat, kann diese im Haushalt ebenfalls kleine Aufgaben erledigen lassen. So haben Sie etwas weniger zu tun, Sie zeigen zugleich aber auch Ihren Kindern, wie Aufgaben im Haushalt richtig übernommen werden. Denken Sie dabei immer darüber nach, welche Tätigkeiten für welche Altersklasse angemessen erscheinen.

- Vier- bis Sechsjährige

In diesem Alter können Kinder einfache Aufgaben wie das Tisch-Abwischen übernehmen. Gerade in diesem Alter ist es wichtig, Aufgaben mit den Kindern zusammen zu verrichten, sodass sie die Tätigkeiten lernen und an Selbstständigkeit gewinnen. Die Kinder können außerdem unter Anleitung der Eltern die eigenen Zimmer ordentlich halten.

- Sechs- bis Zehnjährige

Kinder von sechs bis zehn sind alt genug, um Verantwortung für ihr eigenes Zimmer zu übernehmen. Dazu gehören auch das gelegentliche Saugen und das morgendliche Bettenmachen. In diesem Alter können Kindern feste Aufgaben übertragen werden, um die sie sich kümmern müssen, wie zum Beispiel das Tisch-Decken. Auch die Beschäftigung mit Haustieren ist geeignet: Die Kinder kümmern sich um das Tier und lernen, Verantwortung zu übernehmen.

- Jugendliche

Ab dem Teenager-Alter ist es sinnvoll, die Aufgaben der Kinder nach ihren Interessen auszurichten. Kocht Ihre Tochter zum Beispiel gern, wird sie sicherlich lieber eine Mahlzeit für die Familie zubereiten, als das

Wohnzimmer zu saugen. Versuchen Sie, die Aufgaben an die Hobbys ihrer Kinder anzupassen.

WENIGER STRESS IM FAMILIENALLTAG – ZEITMANAGEMENT IM FAMILIENLEBEN

Zeitmanagement im Familienleben ist vermutlich die Königsdisziplin der guten Zeiteinteilung. Das Leben mit Kindern, Eltern, Partner oder Geschwistern birgt viele Überraschungen, die unseren Tagesplan auch schnell einmal durcheinanderwerfen. Daher haben wir hier einige Tipps für Sie, die Sie bei der Zeiteinteilung in der Familie unterstützen.

Seien Sie flexibel!

Ohne Flexibilität im Familienleben kommen Sie leider nicht weit: Da haben Sie einen perfekt sortierten Tagesplan und dann muss das kranke Kind von der Schule abgeholt werden oder die Mutter braucht ganz dringend Hilfe im Haushalt. Und was nun? Im Abschnitt über Tagespläne haben wir erklärt, dass die Balance des Geplanten und Ungeplanten im Leben ungefähr 60 zu 40 liegen sollte. 60 % des Tagesablaufs sollten mit Aufgaben und Tätigkeiten der Klassen A bis D gefüllt werden, die anderen 40 % werden für Störungen und Zeitfresser freigelassen. Wenn Sie Glück haben, reichen diese 40 % Ihrer Zeit aus, um mit jeglichen unerwarteten Situationen im Familienleben umzugehen. Es kann allerdings auch passieren, dass wir unsere 60 % der verplanten Zeit nicht für die Aufgaben in Anspruch nehmen können, die auf unserer To-do-Liste stehen, da die Störungen in der Familie auch mal größer sein können, als erwartet. Passiert so etwas nur ein- oder zweimal, dann nehmen Sie es gelassen – unsere Pläne können gelegentlich durchkreuzt werden. Wenn Sie aber häufig das Gefühl haben, Ihre Aufgaben wegen Ihres Familienlebens nicht erfüllen zu können, müssen Sie etwas an Ihren Plänen ändern.

Hier gibt es zwei Möglichkeiten:

1. Sie ändern Ihre Zeitbalance. Vielleicht haben Sie die Möglichkeit, Ihren Arbeitsaufwand etwas zu senken und einige Aufgaben zu delegieren. Versuchen Sie, etwas mehr Zeit als vorher für die Familie und ungeahnte Störungen einzuplanen, sodass Sie am Ende nicht frustriert vor einer unvollendeten To-do-Liste stehen. Verschieben Sie unwichtigeren Aufgaben auf spätere Termine.
2. Reden Sie mit Ihrer Familie und versuchen Sie, mögliche Störfaktoren einzudämmen. In der Kinderbetreuung können Sie zum Beispiel Ihren Partner oder Ihre Eltern um Hilfe fragen. Älteren Kindern und weiteren Familienmitgliedern können Sie auch einmal bewusst machen, dass Sie gerade leider wenig Zeit zur Verfügung haben, sich aber später gern wieder mehr mit Ihnen beschäftigen.

Sie müssen immer entscheiden, ob ein bisschen mehr Flexibilität in Ihrem Leben eine Möglichkeit ist oder ob Sie standhaft bleiben und mit Ihrer Familie Kompromisse schließen müssen.

Planen Sie mit der Familie!

Egal, ob mit Partner, Eltern oder Kindern – sprechen Sie mit Ihren Mitbewohnern und Familienmitgliedern Ihre Pläne ab. Wenn Ihre Angehörigen wissen, wann Sie keine Zeit haben, dann werden Sie sich verständlich zeigen und Sie nicht aus Versehen unterbrechen. Genauso laufen auch Sie nicht Gefahr, Ihre Familienmitglieder bei wichtigen Aufgaben oder Besprechungen zu stören. Auch mit kleineren Kindern lohnt sich ein Gespräch über Berufe und Verantwortung. Sagen Sie Ihren Kindern, in welchen Situationen Sie Ihre Ruhe brauchen oder sich auf die Arbeit konzentrieren müssen.

Geben Sie aber auch immer einen Notfallkontakt an, den die Kinder kontaktieren können oder machen Sie deutlich, dass die Kinder in Notfällen jederzeit zu Ihnen kommen können. Außerdem sollten gemeinsame Pläne, Pläne für die Kinder und Aufgaben im Haushalt immer von allen Betroffenen zusammen besprochen und gemacht werden. Reden Sie mit Partner oder Eltern darüber, wer welche Aufgaben im Haushalt übernimmt und wer sich wann um die Kinder kümmert. Führen Sie nach Möglichkeit einen Familienkalender, in den alle wichtigen Einzel- und Gruppentermine eingetragen werden können. Lassen Sie bei Ihrer Planung auch immer ein bisschen Zeit frei, die Sie einfach so mit der Familie verbringen können. Ob Kuscheleinheiten mit dem Kind, ein Filmabend mit dem Partner oder ein Kaffeekränzchen mit der Mutter – manchmal braucht man etwas Erholung vom Alltag. Achten Sie bei der Kommunikation mit Kindern auf Transparenz. Wenn die Kinder Ihnen deutlich sagen, welche Bedürfnisse und Vorlieben sie haben, fällt Ihnen die Planung sehr viel leichter. So können Sie Extrawünsche berücksichtigen, weil Sie zum Beispiel genau wissen, dass Ihr Sohn im Gegensatz zu Ihrer Tochter keine Spaghetti mag. Bei viel Stress und vielen Terminen in der Familie ist eine Sammelplanung nützlich: Bemühen Sie sich, die Termine Ihrer Familienmitglieder miteinander zu verbinden. Legen Sie die Zahnarzttermine Ihrer Kinder zum Beispiel direkt hintereinander, dann müssen Sie nicht zweimal fahren. Suchen Sie außerdem nach Gleichgesinnten. Die Tochter ist mit der besten Freundin unterwegs? Dieses Mal können Sie die beiden abholen, nächstes Mal vielleicht die Eltern der Freundin.

ENTSPANNUNG UND VERGNÜGEN – ZEITMANAGEMENT IN DER FREIZEIT

In den letzten Abschnitten und Artikeln haben wir Ihnen Tipps für das Zeitmanagement in vielen verschiedenen Lebensbereichen gegeben: Beruf, Universität, Haushalt, Familienleben. Aber auch in der Freizeit kann uns ein gutes Zeitmanagement weiterhelfen. Zuerst gilt immer: Wer grundsätzlich ein gutes Zeitmanagement besitzt und gut planen kann, hat auch mehr Freizeit zur Verfügung. In der Freizeit selbst müssen wir allerdings auch unsere Zeit einteilen können. Die Wichtigkeit der Zeiteinteilung in der Freizeit liegt vor allem an unseren eigenen Vorlieben. Oft müssen wir selbst unsere Freizeit für Dinge nutzen, die wir lieber nicht machen wollen. Da möchte die Freundin noch ein bisschen länger telefonieren oder der Partner möchte unbedingt eine bestimmte Fernsehserie mit Ihnen gucken – auch dies fällt unter Freizeitgestaltung, obwohl Sie vielleicht viel lieber ein entspannendes Bad nehmen würden. Daher ist es wichtig, dass Sie von Anfang an überlegen, wie Sie am besten entspannen können und was Sie an jedem Tag für sich selbst tun wollen. Das sind Handlungen, die einzig und allein Ihrem Wohlbefinden und Vergnügen dienen.

Denken Sie also nach: Was ist Ihnen für Sie selbst wichtig? Was wollen Sie nur für sich tun? Versuchen Sie dann, sich mindestens eine halbe Stunde pro Tag für diese Handlungen Zeit zu nehmen.

Entspannung kann auf verschiedenen Wegen zu uns kommen. Überlegen Sie daher, was Ihnen beim Abschalten hilft. Manche Menschen lesen gern ein Buch, um zu entspannen, anderen helfen dagegen vielleicht Entspannungsübungen. Versuchen Sie, etwas zu finden, dass Sie Ihre Sorgen und Aufgaben während Ihrer Auszeit vergessen lässt. Entspannung muss aber nicht unbedingt mit ruhigen Aktivitäten verbunden werden. Wenn Sie zur Entspannung am liebsten laut Musik hören und dazu umher tanzen oder Sport machen wollen, ist das vollkommen in Ordnung – Hauptsache, Sie haben Spaß und lockern sich.

Halte dir jeden Tag 30 Minuten für deine Sorgen frei und in dieser Zeit mache ein Nickerchen.

Abraham Lincoln

Weitere Strategien zum perfekten Zeitmanagement

In den vorherigen Kapiteln haben wir Ihnen schon einige nützliche Methoden vorgestellt, mit denen Sie Ihre Zeiteinteilung verbessern können. Natürlich kann aber nicht jeder Mensch mit den gleichen Strategien gut arbeiten. Deswegen wollen wir Ihnen hier noch einige weitere Strategien vorstellen, die Sie bei der Einschätzung und Verbesserung Ihres Zeitmanagements unterstützen können. Auch die schon erwähnten Strategien werden kurz vorgestellt, sodass Sie einen guten Überblick über nützliche Strategien haben.

Das Pareto-Prinzip (siehe Kapitel 3.1)

Schon mit nur 20 % des Zeitaufwandes lassen sich 80 % des Ergebnisses erzielen. Identifiziert man also die 20 %, die für das Ergebnis von großer Bedeutung sind, so kann man viel Zeit sparen und die Zeitnutzung anhand des gefundenen Wissens optimieren.

Die ABC-Methode (siehe Kapitel 3.1)

Die ABC-Methode teilt alle Aufgaben nach Prioritäten ein:

- A: Sehr wichtig: Diese Aufgaben müssen so bald wie möglich bearbeitet werden. Hierfür sollte der Großteil der Arbeitszeit eingeplant werden (60 %).
- B: Wichtig: Diese Aufgaben sind relativ wichtig, können aber auch delegiert werden.
- C: Weniger wichtig: Diese Aufgaben sind Routineaufgaben oder Zeitfresser, denen pro Tag nur wenig Zeit gewidmet werden sollte.

Das Eisenhower-Prinzip (siehe Kapitel 3.1)

Auch hier werden Aufgaben nach Prioritäten unterteilt. Man unterscheidet grundsätzlich zwischen dringenden und wichtigen Aufgaben. Wichtige Aufgaben tragen zur Erfüllung von Lebenszielen und persönlicher Erfüllung bei, dringende Aufgaben haben dagegen häufig eine Deadline.

Man unterscheidet zwischen:

- A-Aufgaben: Wichtig und dringend: Sofort erledigen
- B-Aufgaben: Wichtig, nicht dringend: Planen, in den Zeitplan aufnehmen
- C-Aufgaben: Dringend, nicht wichtig: Reduzieren, nebenbei erledigen
- D-Aufgaben: Nicht wichtig, nicht dringend: Eliminieren

Man sollte seinen Tagesablauf auf A- und B-Aufgaben fokussieren und C-Aufgaben zwischendurch erledigen, während D-Aufgaben eliminiert werden sollten.

Die ALPEN-Methode (siehe Kapitel 3.3)

Die ALPEN-Methode ist eine große Hilfe bei der Erstellung eines Tages- oder Wochenplans.

- A: Aufgaben sammeln
- L: Länge der Aufgaben und Zeitaufwand einschätzen
- P: Pufferzeiten und Störungen einplanen
- E: Entscheidungen treffen, priorisieren
- N: Nachkontrolle, vorherigen Tagesplan überprüfen

Die Einhaltung dieses Ablaufs hilft beim strukturierten Planen.

Die 10-10-10 Methode

Die zu erledigenden Aufgaben pro Tag aufzustellen fällt uns meistens nicht schwer. Prioritäten setzen wird hingegen schnell zum Problem. Wir priorisieren die falschen Aufgaben oder setzen angenehme Aufgaben unbewusst höher in den Tagesplan, um unangenehme vermeiden zu können. Die 10-10-10 Methode ist daher eine gute Unterstützung, um die richtigen Prioritäten zu setzen.

Bei dieser Methode sollte man sich vor jeder Entscheidung nach den Konsequenzen fragen: Welche Auswirkung hat diese Entscheidung in ...

- ...10 Minuten?
- ...10 Monaten?
- ...10 Jahren?

Diese Überlegung hilft uns, unwichtigere Aufgaben zu eliminieren. Außerdem kriegen wir so einen klaren Blick auf manche Tätigkeiten: Wenn eine Entscheidung in 10 Monaten keine spürbare Auswirkung mehr hat, dann müssen wir uns über diese Entscheidung häufig nicht zu viele Sorgen machen.

Die 10-10-10 Methode lässt sich gut in Verbindung mit anderen Planungsmethoden wie der ALPEN-Methode einsetzen, da hier die Aufgaben zusätzlich zur Planung reflektiert und eingeordnet werden können.

Die „Eat the Frog"-Methode

Diese Methode ist nach einem Zitat von Mark Twain benannt: *"If it's your job to eat a frog, it's best to do it first thing in the morning. And if it's your job to eat two frogs, it's best to eat the biggest one first."* Zu Deutsch: „Wenn du einen Frosch essen musst, tue es am besten am Morgen. Und wenn du zwei Frösche essen musst, dann solltest du den größten zuerst essen."

Brian Tracy hat dieses Zitat übernommen und seine Bedeutung für gutes Zeitmanagement unterstrichen, denn es ist klar, was Twain uns sagen will: Wir sollten unseren Tag immer mit der unangenehmsten oder schwierigsten Aufgabe starten.

Wenn wir die unangenehmen Aufgaben zuerst erledigen, haben wir für den Rest des Tages mehr Motivation und kommen so mit den anderen Aufgaben schnell voran. Schieben wir die unangenehmen Aufgaben hingegen bis zum Ende auf, erfüllen wir die angenehmen Aufgaben oft langsamer als nötig, da wir keine Lust auf die anderen Aufgaben haben. Dies kostet uns viel Zeit.

Deshalb gilt für gutes Zeitmanagement immer: Erst die Arbeit, dann das Vergnügen.

GTD: Die „Getting Things done"- Methode

„Getting Things Done" (Zu Deutsch: „Sachen geschafft kriegen") ist eine Zeitmanagement-Methode des amerikanischen Autors David Allen, die ebenso wie die ALPEN-Methode einen strategischen Ansatz für die Tagesplanung bietet. GTD besteht aus verschiedenen Schritten, deren Abarbeitung uns unserem Ziel näherbringt:

1. <u>Sammeln und erfassen</u>

Schreiben Sie alles Wichtige auf, auch Sachen, die Sie vielleicht nicht in die Planung integrieren wollen. So verbessern Sie Ihre Konzentrationsfähigkeit, da Sie nicht das Gefühl haben, möglicherweise etwas vergessen zu haben.

2. <u>Durchgehen und sortieren</u>

Überlegen Sie, welche Aufgaben und Aktivitäten auf Ihrer Liste Sie tatsächlich machen müssen oder wollen. Ordnen Sie die Tätigkeiten und stellen Sie sicher, dass Sie das gewünschte Ergebnis und die notwendigen Handlungen zur Erreichung des Zieles kennen.

3. Organisieren

Tragen Sie Ihre Aufgaben in Ihr Planungssystem ein und sortieren Sie die Aufgaben dabei nach Ihren Bereichen: Beruf, Familie, Projekt A, Einkaufen usw. Teilen Sie die Aufgaben außerdem in kleinere Schritte ein, die zur Erfüllung oder Bearbeitung notwendig sind.

4. Durchsehen

Kontrollieren Sie Ihr Planungssystem regelmäßig und achten Sie auf eine übersichtliche und ordentliche Gestaltung.

5. Erledigen

Entscheiden Sie, was Sie als Nächstes in Angriff nehmen wollen. Basieren Sie Ihre Entscheidung auf vier Faktoren: verfügbare Zeit, verfügbare Energie, Kontext und Priorität der Aufgabe.

Die GTD-Methode arbeitet außerdem mit vier Listen und Systemen, die die Planung und Zeiteinteilung vereinfachen:

- Projektlisten: Schreiben Sie hier alle Projekte nieder. Projekte sind Aufgaben, die aus mehreren Schritten bestehen und deshalb nicht in einem Zug erledigt werden können.
- Kalender: Im Kalender halten Sie alle Termine fest, die eine feste Zeit haben. Dazu gehören Besprechungen und Termine dieses Tages, Aufgaben, die an ebendiesem Tag erledigt werden müssen und Informationen wie Geburtstage o. ä.
- Aktionslisten: Auf Aktionslisten formulieren Sie Ihre Aufgaben so, dass Sie sie sofort beginnen können. Dazu müssen Aufgaben in kleinere Schritte unterteilt und verschiedenen Bereichen zugeordnet werden.
- Wartelisten: Hier werden Aufgaben erfasst, die delegiert wurden. Schreiben Sie hier die notwendigen Informationen und Termine auf, die Sie zur Überprüfung der delegierten Aufgabe benötigen.

Das „Getting Things Done"-Prinzip ist eine hilfreiche, aber auch sehr umfassende Methode. Falls Sie sich genauer mit diesem Prinzip beschäftigen möchten, empfehlen wir daher David Allens Buch „Getting Things Done (GTD)", in dem seine Methoden und Ideen ausführlich beschrieben werden.

Personal Kanban

Der Begriff Kanban stammt aus dem japanischen und steht für eine Methode, mit der Produktionsprozesse an Effizienz gewinnen sollen. Das Kanban-System ist aber auch als persönliches Planungssystem nützlich. In diesem Kontext arbeitet man nach Möglichkeit mit einem Whiteboard, einer Kreide- oder Magnettafel oder einer ähnlich großen Fläche, auf der wichtige Ideen festgehalten werden können.
Diese Fläche teilt man nun in drei Spalten:

- To-do/zu erledigen: Alles, was in der nächsten Woche erledigt werden muss.
- Doing/in Arbeit: Tagesaufgaben
- Done/erledigt: fertige Aufgaben

Schreiben Sie nun all Ihre To-dos, also Aufgaben, die diese Woche erledigt werden müssen, auf Klebezettel und ordnen Sie die Zettel den Spalten zu. Pro Tag können Sie überlegen, welche Zettel von der „Zu erledigen"-Spalte in die Spalte der Tagesaufgaben wandern soll. Sobald Sie eine Aufgabe erledigt haben, können Sie den zugehörigen Zettel in die „Erledigt"-Spalte verschieben. Am Ende des Tages leeren Sie Ihre „in Arbeit"-Spalte. Aufgaben sind entweder erledigt oder wandern zurück in die „To-do"-Spalte. Am Ende jeder Woche wird Ihr Kanban geleert und Sie überlegen sich Aufgaben für die nächste Woche.
Das Kanban-System ist übersichtlich und leichter umzusetzen als viele andere Systeme. Wer ungern bastelt oder mit Klebezetteln arbeiten will, kann auch Online-Produkte wie Microsoft OneNote oder Asana zur Erstellung einer Pinnwand nutzen.

Checkliste: Der Weg zu gutem Zeitmanagement

Am Ende möchten wir Ihnen hier eine Checkliste mit den wichtigsten Punkten für gutes Zeitmanagement mit auf den Weg geben. So können Sie das Gelesene schnell umsetzen und Ihre Zeit effizienter nutzen als jemals zuvor:

✓ **Prioritäten setzen**

Überlegen Sie, welche Aufgaben besonders wichtig und besonders dringend sind. Arbeiten Sie zuerst die wichtigen und dann die dringenden Aufgaben ab. Versuchen Sie außerdem, unangenehme Aufgaben am Anfang zu erledigen, um Motivation für den Rest des Tages zu gewinnen. Routineaufgaben und weniger wichtige Aufgaben sollten erst am Schluss oder zwischendurch erledigt werden.

✓ **Ziele finden**

Was sind Ihre Wünsche und Träume für Ihre Zukunft in Beruf, Familie, Freizeit etc.? Wie können Sie diese Wünsche in Ziele umwandeln und was müssen Sie tun, um diese Ziele zu erreichen? Behalten Sie Ihre Ziele im Hinterkopf und arbeiten Sie Tag für Tag darauf hin.

✓ **Planen**

Organisieren Sie Ihr Leben. Halten Sie Pläne und Ziele schriftlich fest – egal, ob im Kalender, auf To-do-Listen oder im Tagesplan. Überlegen Sie, was Sie zu tun haben und wie Sie es umsetzen können. Sortieren Sie Ihre Pläne und arbeiten Sie Ihre Listen ab. Nehmen Sie sich dabei nicht zu viel auf einmal vor und bleiben Sie beim Planen realistisch.

✓ Eliminieren

Überdenken Sie auch Ihr eigenes Verhalten: Erledigen Sie vielleicht Aufgaben, die weder dringend noch wichtig sind und auch zu Ihrem persönlichen Wohlbefinden nichts beitragen? Diese Aufgaben sollten Sie von Ihrem Tagesplan – und aus Ihrem Leben – streichen.

✓ Delegieren und um Hilfe bitten

Geben Sie auch mal Aufgaben ab. Nicht alles müssen Sie selbst machen. Wenn Sie beschäftigt sind oder jemand anderes für eine Aufgabe besser geeignet ist, lohnt es sich, zu delegieren. Außerdem: Sie sind nicht allein. Wenn Sie sich gestresst oder unter Druck gesetzt fühlen, bitten Sie einen Vertrauten um Hilfe. Reden Sie mit Ihren Freunden oder Familienmitgliedern über Probleme und fragen Sie nach Ratschlägen. Oft haben andere Personen einen besseren Blick auf eine Situation als wir selbst.

✓ Mit Zeitfressern umgehen

Planen Sie pro Tag etwas Zeit ein, in der Sie sich mit möglichen Störungen und Zeitfressern beschäftigen. Lernen Sie zugleich aber, wie Sie diese Störungen loswerden können. Wenn Sie keine Zeit haben, dann fürchten Sie sich nicht davor, dies Ihren Mitmenschen auch deutlich zu machen.

✓ Konsequent bleiben

Halten Sie sich an Ihre Pläne und versuchen Sie, Ihre Aufgaben effizient und konzentriert zu erfüllen. Wenn Sie sich überfordert fühlen, sollten Sie Ihren Tagesplan umstellen oder entlasten, statt Aufgaben einfach zu ignorieren. Selbstdisziplin ist das wichtigste Werkzeug für gutes Zeitmanagement. Versuchen Sie daher, Aufgaben auf keinen Fall aufzuschieben.

✓ Geduld haben

Verzweifeln Sie nicht, wenn es dann doch nicht so funktioniert wie gedacht. Niemand ist perfekt – und es kann immer mal passieren, dass wir uns den Zeitfressern hingeben oder unsere Planung ein paar Makel hat. Überdenken

Sie Ihre Strategien und überlegen Sie, warum es nicht funktioniert hat. Beim zweiten Mal geht es oft viel besser!

✓ Stolz sein

Sie kommen Ihrem Ziel immer näher! Denken Sie daran, sich für Ihre Fortschritte zu belohnen. Auch ein kleiner Schritt in die richtige Richtung kann große Auswirkungen haben.

Schlussgedanke

Liebe Leserin, lieber Leser,

Sie haben beim Lesen dieses Buches sicherlich gemerkt, dass ein gutes Zeitmanagement sich mit vielen Bereichen des Lebens beschäftigt. Auch Stressbewältigung und Organisation spielen eine große Rolle. Ein gutes Zeitmanagement ist daher häufig ein Zusammenspiel von verschiedenen Faktoren: Man kann hier von einem guten Eigenmanagement reden.

Viele dieser Facetten lassen sich nicht von heute auf morgen umsetzen. Dieses Buch soll Sie daher anregen, Ihre eigenen Verhaltensweisen und Ziele zu reflektieren und Ihren Weg zu einer besseren Organisation und Zeiteinteilung zu planen. Hören Sie dabei niemals auf, Ihre Pläne genauer unter die Lupe zu nehmen: Wir verändern uns immer wieder und das tun unsere Ziele und Pläne ebenso.

Greifen Sie für Ihr Zeitmanagement die Punkte auf, bei denen Sie Probleme feststellen. Sie müssen nicht an fünf verschiedenen Bereichen gleichzeitig etwas verbessern. Häufig reicht es, in einem Bereich zu starten. Überlegen Sie, bei welchen Punkten Verbesserungsbedarf besteht.

Und wenn es einmal nicht funktioniert wie geplant: Geben Sie nicht auf. Der erste Schritt ist meistens der Schwerste.

Wir wünschen Ihnen viel Erfolg!

Quellenverweise

• Bellon, Alex. "Zeitmanagement: Die besten 10 Methoden im Überblick" https://www.flowfinder.de/zeitmanagement-methoden/

• Heidenberger, Burkhard. "Hören Sie nicht auf Mistkäfer" https://www.zeitblueten.com/news/hoeren-sie-nicht-auf-mistkaefer/

• Mai, Jochen. "Nein sagen: Tipps und Beispiele, wie Sie Grenzen setzen" https://karrierebibel.de/nein-sagen/

• "Mit Druck umgehen" https://de.wikihow.com/Mit-Druck-umgehen

• "Zeitmanagement im Studium" https://www.studis-online.de/Studieren/Lernen/zeitmanagement.php

• "Lernstrategien: Lesetechnik" https://www.uni-due.de/edit/selbstmanagement/content/content_k41_3.html

• "Visuell, auditiv oder kinästhetisch -welcher Lerntyp bist du?" https://studybees.de/magazin/welcher-lerntyp-bist-du/

• "Die 5 besten Strategien, mit denen deine Klausurvorbereitung ein Klacks wird" https://studybees.de/magazin/die-5-besten-lernstrategien-mit-denen-deine-klausurvorbereitung-klacks-wird/

• "Tipps zum effektiven Zeitmanagement im Haushalt" https://hausfrauentipps.de/tipps-effektives-zeitmanagement-im-haushalt/

• Knoblauch, Jörg/Wöltje, Holger. "Zeitmanagement". 2008, Rudolf Haufe Verlag, 3. aktualisierte Auflage

• Meier, Rolf/ Engelmeyer, Eva. "Zeitmanagement". 2009, GABAL Verlag GmbH, 2. Auflage

Wir danken Ihnen für Ihr Interesse und Ihr Vertrauen. Als Dankeschön dafür, haben wir eine besondere Überraschung. Wir haben eine **30-Tage-Challenge zu einem Leben voller Glück**, nur für Sie. Und diese erhalten Sie vollkommen kostenlos. Das klingt wunderbar? Dann warten Sie nicht lange und holen Sie sich Ihr Gratis-Geschenk.

Hier geht es zu Ihrem Gratis-Geschenk:

https://forms.gle/b1xoteY7efJZHBu66

1. **Öffnen Sie die Kamera-App auf Ihrem Smartphone und richten Sie die Kamera auf den QR-Code.**
2. **Klicken Sie auf den Link, der Ihnen angezeigt wird und schon werden Sie zur Website weitergeleitet.**

Impressum

Herausgeber: Pegoa Global Media GmbH / Am Sandtorkai 27 / 20457 Hamburg
Kontakt: kontakt@pegoamedia.de
Coverbild: Shutterstock

Haftungsausschluss:
Die Nutzung dieses Buches und die Umsetzung der enthaltenen Informationen, Anleitungen und Strategien erfolgt auf eigenes Risiko. Der Autor kann für etwaige Schäden jeglicher Art aus keinem Rechtsgrund eine Haftung übernehmen. Haftungsansprüche gegen den Autor für Schäden materieller oder ideeller Art, die durch die Nutzung oder Nichtnutzung der Informationen bzw. durch die Nutzung fehlerhafter und/oder unvollständiger Informationen verursacht wurden, sind grundsätzlich ausgeschlossen. Rechts- und Schadenersatzansprüche sind daher ausgeschlossen. Dieses Werk wurde sorgfältig erarbeitet und niedergeschrieben. Der Autor übernimmt jedoch keinerlei Gewähr für die Aktualität, Vollständigkeit und Qualität der Informationen. Druckfehler und Falschinformationen können nicht vollständig ausgeschlossen werden. Es kann keine juristische Verantwortung sowie Haftung in irgendeiner Form für fehlerhafte Angaben vom Autor übernommen werden. Die bereitgestellten Analysen, Vorschläge, Ideen, Meinungen, Kommentare und Texte sind ausschließlich zur Information bestimmt und können ein individuelles Beratungsgespräch nicht ersetzen. Alle Informationen dieses Buches entsprechen dem Kenntnisstand zum Zeitpunkt des Verfassens dieses Buches. Eine Haftung für mittelbare und unmittelbare Folgen aus den Informationen dieses Buches ist somit ausgeschlossen.
Informieren Sie sich weitläufig aus unterschiedlichen Quellen und bedenken Sie, dass am Ende nur Sie für die Entscheidungen verantwortlich sind.

Haftung für externe Links:
Unser Angebot enthält Links zu externen Websites Dritter, auf deren Inhalte wir keinen Einfluss haben. Deshalb können wir für diese fremden Inhalte auch keine Gewähr übernehmen. Für die Inhalte der verlinkten Seiten ist stets der jeweilige Anbieter oder Betreiber der Seiten verantwortlich. Die verlinkten Seiten wurden zum Zeitpunkt der Verlinkung auf mögliche Rechtsverstöße überprüft. Rechtswidrige Inhalte waren zum Zeit-punkt der Verlinkung nicht erkennbar.